L'ART
DES ARMÉES
NAVALES,

OU

TRAITÉ
DES EVOLUTIONS
NAVALES,

QUI CONTIENT DES REGLES UTILES AUX OFFICIERS
Généraux, & Particuliers d'une Armée Navale ; avec des exemples tirez de
ce qui s'est passé de plus considérable sur la mer depuis cinquante ans.

Par le P. PAUL HOSTE *de la Compagnie de* JESUS, *Professeur des*
Mathématiques dans le Séminaire Royal de Toulon.

A LYON,
Chez ANISSON, & POSUEL.

M. DC. XCVII.
AVEC PRIVILEGE DU ROY.

AU ROY.

IRE,

L'Ouvrage que j'ai l'honneur de préſenter à VÔTRE MAJESTE', contient comme deux Arts nouveaux, qui pourront être de quelque utilité à vôtre Royaume. L'un découvre les prin-

ã ij   cipes

EPITRE.

cipes qu'on cherchoit depuis long temps, pour rendre la conftruction des Vaiffeaux aisée, fûre & infaillible. L'autre reduit à des régles également faciles & exactes, tous les mouvemens qu'on peut & qu'on doit faire dans les Armées de mer. Ces régles, SIRE, ont été formées fur ce qui fe pratiquoit déja dans vos Armées Navales, depuis qu'elles font dirigées par vos inftructions, & animées par vos ordres. VÔTRE MAJESTE' trouvera dans ces régles toutes les Evolutions qu'on fait à la mer pour maintenir les Vaiffeaux dans un bel arrangement, malgré l'inconftance des vents, & l'irrégularité des flots. Elle y verra comment on peut chercher les ennemis, les forcer au combat, les battre, les pourfuivre; comment on peut porter fes Armes victorieufes jufques aux Païs les plus éloignez, & faire par tout des exploits inconnus aux fiécles paffez. Voilà, SIRE, tout ce que peut apprendre l'Art des Armées Navales; voilà auffi tout ce que VÔTRE MAJESTE' fait fi glorieufement dans fa Marine.

L'état, SIRE, où nous la voions aujourd'hui eft un de ces Prodiges de vôtre heureux regne, qui vous font admirer de toutes les Nations, & qui vous élévent au deffus de tous les Princes du monde. C'eft à VÔTRE MAJESTE' qu'elle doit fon rétabliffement,

EPITRE.

fa grandeur , & fon éclat. C'eft VÔTRE
Majeste' qui l'a ennoblie , qui l'a rendu
redoutable aux Etrangers, & qui l'a mife en
état de combattre & de vaincre deux Nations
enfemble, à qui tous les autres peuples fem-
bloient avoir abandonné l'empire de la mer.

On a vû , SIRE , dans ces derniers temps,
l'Ocean couvert de vos nombreufes Armées.
Les Anglois, & les Holandois ont été battus
dans la Manche, & les reftes de leur Armée
défaite, ont été pourfuivis jufques dans la Ta-
mife ; leurs Flottes ont été diffipées, pillées,
brûlées ; & leur commerce a été entierement
ruïné. Vos Efcadres ont paffé jufques dans le
Nouveau Monde pour y porter la terreur de
vos Armes , & la gloire de vôtre Nom. Car-
tagene dépoüillée de fes tréfors malgré le fe-
cours des Anglois, renouvelle le fouvenir de
Tabago , & de tant d'autres exploits qui feront
connoître à tous les peuples , que rien n'eft impoffible aux François , quand ils exécutent
vos Projets, & qu'ils font réglez par vos Vûës.

Mais, SIRE , la Marine ne fait qu'une
partie de vôtre gloire, comme elle n'a fait qu'-
une partie de vos importantes occupations. Il
a fallu que VÔTRE MAJESTE' ait en même temps pourvû à la fûreté de fon Royaume
attaqué par une foule d'ennemis avec toute
la fureur, que l'impieté & la jaloufie peuvent

ã iij

infpirer

EPITRE.

inspirer. Il a fallu entretenir cinq grandes Armées sur nos frontieres, pour repousser la multitude infinie d'Etrangers, qui s'étoient flattez d'y faire irruption. Il a fallu fournir des troupes à ce nombre prodigieux de lignes & de rampars, dont vôtre sage prévoiance nous a couverts: sans parler des soins qu'un reste d'Héresie demandoit encore pour le dedans du Royaume; afin de ne pas laisser rallumer un incendie que vous avez si heureusement éteint. Un seul homme peut-il donc soûtenir le poids immense de tant de grandes affaires ? est-il des genies assez vastes pour ne pas se perdre dans ces abîmes ?

Ouy, SIRE, la postérité aura peine à croire ce que nous voions de nos yeux : vous avez vous seul par vos propres lumieres démêlé le cahos de tant d'évenemens, de contre-temps, de vûës, de projets : vous avez réglé toutes choses avec tant d'ordre & tant de succez, que vos ennemis ont été repoussez, vaincus, défaits, & humiliez. Vous avez pris leurs plus fortes places, forcé leurs lignes, & porté toute la guerre dans leurs Etats. Enfin aprés avoir soûtenu tant d'années les efforts de toute l'Europe conjurée, vous venez encore d'enlever à vos ennemis deux importantes Villes, & la plus belle Province d'Espagne : pour leur apprendre que c'est en vain qu'ils espérent lasser un Prince qui

s'accoûtume

EPITRE.

s'accoûtume à les vaincre, & qui par la justice de ses armes a mis le Ciel dans ses interêts.

Mais, SIRE, l'endroit par où VÔTRE MAJESTE' se fera autant aimer, qu'admirer dans les siécles à venir : c'est que vos heroïques actions ne sont point les effets de cette ambition démesurée, qui fait haïr les Heros ordinaires, en les faisant redouter. Toûjours prêt à rendre aux ennemis les grandes conquêtes, que vous avez fait de toutes parts sur eux : vous ne vous proposez dans vos heroïques projets, que la solide gloire d'avoir encore une fois pacifié l'Europe, & desarmé l'héresie & la rebellion : afin que vos peuples joüissent en repos d'une paix inviolable, qui sera le digne fruit de vos glorieux travaux.

Ce sont ces pensées, SIRE, qui allument dans le cœur de vos sujets le zele, & l'amour qu'ils font éclatter pour vôtre AUGUSTE PERSONNE : ce sont ces réflexions qui leur inspirent plus de respect, de vénération, de tendresse pour vous, qu'ils n'en ont jamais eu pour nul autre de leurs Roys. Pourrois-je, SIRE, en particulier exprimer à VÔTRE MAJESTE', l'empressement qu'on a dans la Marine pour son service ? l'emploi que j'ai l'honneur d'y exercer depuis douze ans dans vos Ports, & sur vos Vaisseaux m'en peut fournir mille faits, dont j'ai été le témoin oculaire. Combien de fois ai-je vû le seul Nom de VÔTRE MAJESTE' ras-

 surer

EPITRE.

sûrer les Equipages dans les actions les plus périlleu-
ses ? combien de fois ai-je vû les plus blessez, se con-
soler de la perte de leurs corps mutilez, sur ce qu'ils
avoient donné leur sang, & sacrifié leur vie, di-
soient-ils, pour le meilleur & pour le plus Grand
des Roys ? Les sincéres dépositions de ces pauvres
mourans ne marquent-elles pas d'une maniere bien
éloquente les sentimens qu'on a pour VÔTRE
MAJESTE'?

Pour nous, SIRE, qui avons le bonheur de
vivre dans vôtre Séminaire de Toulon, dans ce
Royal Etablissement que vôtre Pieté a si magnifi-
quement fondé pour l'instruction, & la sanctifica-
tion de vos Matelots ; nous nous estimons trop
heureux de travailler sans cesse pour le service de
VÔTRE MAJESTE', qui nous comble tous
les jours de ses liberalitez royales : persuadez que
nous ne pouvons rien faire qui soit plus agreable à
Dieu, que de cooperer aux glorieux desseins d'un
Prince qui est le plus ferme appui de la vraye Foy,
& le plus puissant Protecteur de l'Eglise.   Je suis
avec un tres-profond respect.

SIRE,

DE VÔTRE MAJESTE

Le tres-humble, tres-obeïssant, & tres-fidelle
sujet & serviteur PAUL HOSTE
de la Compagnie de JESUS.

PREFACE.

C EU X qui ont quelque connoiſſance de la Marine, juge-
ront ſans doute que l'Art des Evolutions Navales y eſt
abſolument néceſſaire : puiſque cet Art n'eſt rien autre
choſe que la maniere de régler tous les mouvemens d'une
Armée Navale. Sans cet Art une Armée reſſemble à
celles des Barbares, qui n'ont nulle connoiſſance de la
guerre, & qui font ſans ordre, tout ce que le caprice leur inſpire, ou ce
que le hazard leur préſente. Sans l'Art des Evolutions un Général ne
peut diſpoſer que tres-imparfaitement de ſon Armée, ſoit pour s'oppoſer
à propos aux ennemis, ſoit pour les enfoncer, les couper, les doubler;
les éviter, les forcer au combat, & les pourſuivre : car toutes ces choſes exigent que le Général remuë chaque partie de ſon Armée, comme
l'ame remuë les divers membres de ſon cops.

Sans l'Art des Evolutions le moindre changement de vent, ou quelqu'autre accident déroute l'Armée : perſonne ne ſçait plus ce qu'il peut ;
ou ce qu'il doit faire ; on ſe trouble, on ſe coupe, on s'aborde, on laiſſe
échapper les plus belles occaſions de gagner le vent, ou de doubler les
ennemis ; on ſe voit doubler, & on perd le vent ſans s'en appercevoir : ceux
qui ſont les mieux intentionnez ne ſçavent que faire, & les autres trouvent toûjours de quoi couvrir leurs mauvaiſes maneuvres.

L'Art des Evolutions fait ceſſer tous ces déſordres, il apprend ſi nettement aux Généraux & aux Particuliers ce qu'ils peuvent, & ce qu'ils
doivent faire dans toutes les rencontres, que perſonne ne peut preſque
ignorer ſon devoir, & que perſonne ne peut s'en acquiter, ou y manquer,
ſans que les moins éclairez ne lui faſſent toute la juſtice qu'il mérite.

D'ailleurs les Evolutions Navales ſont fort ſimples, & ne ſuppoſent
nulle connoiſſance de la Géométrie. Un peu d'application, avec la pratique de deux ou trois campagnes, ſuffira pour rendre aiſé aux moins
habiles tout l'uſage des Evolutions.

Je penſe même que les Officiers qui ſçavent d'ailleurs la Marine, ne
trouveront pas plus de peine à apprendre les Evolutions Navales, que
les Officiers de terre en trouvent dans l'Exercice Militaire, à former des Eſquadrons & des Bataillons, à les ranger, à leur donner
tous les mouvemens néceſſaires, & à y faire toutes les Evolutions
qui ſe pratiquent.

J'ai ajoûté aux régles que je propoſe, l'exemple des plus grands
Hommes

PREFACE.

Hommes de mer, que nous avons eu dans ce siecle : & j'ai pris occasion de faire le récit des principaux combats qui se sont donnez sur la mer, depuis qu'on a mis de gros Vaisseaux dans les Armées Navales à la place des Galéres, qui en faisoient autrefois toute la force.

J'espere que mon Traité ne sera pas seulement utile à ceux qui servent sur la mer, mais encore à toutes les personnes curieuses qui prendront en le lisant une idée si nette de la Marine, qu'elles pourront ensuite juger des actions de mer, sans être en danger de se méprendre.

Il faut convenir que la Marine est jusques ici un mystére pour ceux qui n'ont pas été sur la mer : les rélations les plus exactes, & les plus fidelles des combats de mer, leur paroissent de beaux galimatias où personne n'entend rien. On y apprend des faits incontestables ; mais on ne sçauroit juger s'ils méritent des loüanges, ou du blâme : on se voit obligé de donner à l'aveugle dans le sentiment des gens du métier : & si on aime mieux s'en fier à ses propres lumieres, on tombe dans des beveües semblables à celle qui se fit il y a quelques années à Dunquerque, à l'occasion du combat de mer qu'on y représenta pour divertir le Roy. Le Chevalier de Leri, & le Sieur Panetier avoient été choisis pour commander les deux Vaisseaux qui devoient combattre, & ils avoient couru une lieuë au large du Risban, ou toute la Cour s'étoit renduë. Les deux Capitaines firent d'abord tout ce que les plus habiles peuvent faire pour se disposer à un combat ; le Sieur Panetier qui étoit sous le vent, voulut le gagner, & fit pour cela une des plus fines maneuvres de l'art : mais au lieu de s'attirer les loüanges que méritoit son habileté, il fit dire à un Ministre d'ailleurs fort éclairé, Vraiment Capitaine Panetier n'a pas envie de se battre. Voilà ce qui arrive encore tous les jours dans les actions de mer. Il n'en est point de si complette qu'on ne tourne mal, & qu'on ne fasse blâmer aux plus équitables, & il n'en est point de si mauvaise, à qui l'autorité d'un homme de mer ne fasse donner des applaudissemens.

Au reste on ne trouvera pas étrange qu'un homme de ma Profession ait travaillé sur ces matiéres ; si on sçait que depuis douze ans j'ai eu l'honneur d'être auprés de Monsieur le Maréchal d'Estrées, de Monsieur le Duc de Mortemart, & de Monsieur le Maréchal de Tourville, dans toutes les expéditions qu'ils ont faites, quand ils commandoient nos Armées Navales ; & que Monsieur le Maréchal de Tourville a bien voulu me communiquer ses lumieres, en m'ordonnant de composer sur une matiére que je pense n'avoir pas encore été traittée.

TABLE

TABLE
POUR LES EVOLUTIONS NAVALES,

Table pour les Evolutions Navales.

TRAITE'

TRAITÉ
DES EVOLUTIONS
NAVALES.

PREMIERE PARTIE.

Former les Ordres.

NOUS appellons Evolutions Navales les mouvemens que font les Armées Navales , pour se mettre dans l'arrangement, & dans la situation qui convient : afin d'attaquer l'ennemi, ou de se défendre avec plus d'avantage. Nous avons emprunté ce mot des Armées de terre , où on appelle *Evolutions* les divers mouvemens que font les Esquadrons ou les Bataillons, pour prendre la forme & la situation qu'on veut leur donner.

Nous divisons tout ce Traité en six Parties. Dans la premiere nous *Division de l'ouvrage.* expliquerons les Ordres, & la maniere de les former. Dans la seconde nous apprendrons à changer les Escadres dans les divers Ordres. Dans la troisiéme nous donnerons des voyes aisées pour rétablir les Ordres, quand un changement de vent les a troublez. Dans la quatriéme nous montrerons comment l'Armée peut passer d'un Ordre à l'autre sans confusion. Dans la cinquiéme nous traitterons des mouvemens que les Armées peuvent faire sans toucher aux Ordres. Dans la sixiéme nous ferons quelques remarques pour faciliter la pratique.

A   EXPLICA

EXPLICATION DU SUJET.

Ce que c'est qu'un Ordre.   Les Ordres font les diverfes manieres de ranger les Vaiffeaux dans une Armée Navale. L'Ordre dit deux chofes. 1. La fituation de chaque Vaiffeau par rapport au vent qui fouffle. 2. La fituation de chaque Vaiffeau par rapport aux autres Vaiffeaux qui compofent la même Armée. On ne peut pas changer une de ces deux chofes, qu'on ne change l'Ordre : & l'Ordre demeure le même tandis qu'on ne change ni l'une ni l'autre de ces deux chofes.

D'où vient la diverfité des Ordres.   Les differentes circonftances où une Armée fe peut trouver , & les differens deffeins qu'un Général fe peut propofer, donnent lieu aux differens Ordres. Si l'Armée Navale combat , elle doit être rangée autrement que fi elle eft en marche. Il faut qu'une Armée qui fait route à la vûë des ennemis , foit autrement difposée que fi elle étoit bien éloignée de les rencontrer. Une Armée qui court vent-arriere a fon Ordre particulier ; celle qui pourfuit l'ennemi , celle qui fait retraite, celle qui garde un paffage , celle qui force un paffage , celle qui eft moüillée dans un Port ou dans une Rade, celle qui y va infulter l'ennemi , toutes ces differentes Armées doivent être rangées en de differens Ordres.

Par où on juge d'un Ordre.   Trois chofes peuvent faire juger qu'un Ordre eft bon. 1. Si l'Ordre rend l'Armée plus difposée à faire ce à quoi on la deftine ; comme fi l'Ordre de marche contribuë à faire aller l'Armée plus vîte ; fi l'Ordre de retraite met l'Armée plus fûrement à couvert contre les pourfuites de l'ennemi &c. 2. Si l'Ordre donne moins d'étenduë à l'Armée en la réüniffant davantage , parce qu'une Armée moins étenduë fe fépare plus difficilement , s'entr'aide plus aifément, parce qu'on y a plus de communication entre les Commandans & les Particuliers. 3. Si l'Ordre fe reduit d'une maniere courte , fimple , & facile à l'Ordre de Bataille : parceque le but principal des Armées Navales étant de combattre avec avantage , tous les Ordres doivent fe rapporter à l'Ordre de Bataille.

Remarque.

Nous donnons à la fin de cet Ouvrage une lifte des termes de Marine, que nous y emploions : parceque les Dictionaires font peu exacts à leur donner des explications conformes à l'ufage. Mais j'ai crû qu'il étoit encore néceffaire de faire graver un Vaiffeau avec le nom de fes principales parties , & d'expliquer plus exactement certains termes , qui doivent fervir de fondement à tout ce Traité.

a. Proüe, ou Avant.
b. Pouppe, ou Arriere.
c. Mât d'Artimon.
d. Grand mât.
e. mât de mizaine.
f. mât de Beaupré.
g. Vergue.
h. Hune.
i. Voile.
k. Hunier.
l. Perroquet.
m. Grand Voile carguée.
n. mizaine bordée.
o. Ciuadiere frelée.
p. Etaie.
q. Haubans.
r. Bras.
s. Ecoute.
t. Balancines.
u. Ecouët.

Demasso

Pl. 1.
V
G
F
F
B
F
F
H
A
C
G
H
G
I
L
I
I
M
N
O
P
Bouchet Sceit
A. III.

§. I.

Explication de quelques termes.

I.

Nous appellons *Rumb* une des trente-deux pointes de la Bouſſole, Planche 1. ou Roſe Marine : ainſi nous diſons qu'il y a ſix Rumbs ou ſix pointes, depuis la pointe A de la Bouſſole juſques à la pointe H.

I I.

Le *Lit du vent* eſt la ligne par laquelle le vent ſouffle : ainſi la ligne AB eſt le *Lit* du vent V.

Remarque.

On conçoit ſans peine que le vent V peut pouſſer le Vaiſſeau C le long de la ligne CB, & qu'il ne le peut pas pouſſer le long de la ligne CA. On comprend auſſi que le vent V peut faire aller le Vaiſſeau C par les lignes CF, & même par les lignes CG : mais on auroit quelque peine à penſer que le vent V pût faire aller le Vaiſſeau C par la ligne CH, ſi l'experience de tous les jours ne ſoûtenoit la raiſon qui nous l'apprend.

III.

La ligne du *plus-prés* eſt celle par laquelle le Vaiſſeau eſt pouſſé le plus qu'il ſe peut contre le vent : ainſi la ligne CH eſt la ligne du *plus-prés* par rapport au vent V, parceque le vent V ne peut pas pouſſer le Vaiſſeau C par une ligne qui le porte plus contre le vent, que la ligne CH. Il y a deux lignes du *plus-prés*, une à droite du vent, qu'on appelle *la ligne du plus-prés Stribord*, & l'autre à gauche du vent qu'on nomme *la ligne du plus-prés Bas-bord*.

I V.

On dit qu'un Vaiſſeau *arrive*, quand il ſe tourne moins contre le vent : ainſi quand le Vaiſſeau C qui couroit ſur la ligne CH, ſe tourne pour courir ſur la ligne CG ou CF, on dit qu'il *arrive*. Quand le Vaiſſeau C quitte la ligne CH, pour ſe tourner ſur la ligne CG, on dit qu'il n'arrive que de deux rumbs. S'il ſe tourne ſur la ligne CF, on dit qu'il arrive de ſix rumbs. S'il ſe tourne ſur la ligne CB, on dit qu'il arrive de dix rumbs, ou qu'il arrive vent-arriere.

V.

On dit qu'un Vaiſſeau vient *au vent*, quand il ſe tourne plus contre Figure Précéd.
le

le vent : ainſi on dit que le Vaiſſeau C vient au vent, quand il quitte la route CB pour prendre la route CF ; de même on dit qu'il vient au vent de huit rumbs s'il quitte la route CB pour prendre la route CG ; mais s'il quitte la route CB pour prendre la route CH, on dit qu'il vient au vent de dix rumbs , ou qu'il vient au plus-prés.

VI.

On dit qu'un Vaiſſeau va *vent-arriere*, quand il a le vent en pouppe, & qu'il ne s'écarte pas plus de quatre rumbs du lit du vent : ainſi le Vaiſſeau C va *vent-arriere* , s'il court par les lignes CB, CF.

VII.

Un Vaiſſeau va au *plus-prés* , quand il court par une des deux lignes du plus-prés : ainſi le Vaiſſeau C ira au plus-prés , s'il court par les lignes CH.

VIII.

Un Vaiſſeau va *vent-largue* , quand il court entre le vent-arriere, & le plus-prés, ſçavoir par une des pointes de la Bouſſole qui ſont entre CF & CH. Je penſe qu'on appelle vent-largue cette maniere de faire aller le Vaiſſeau ; parce qu'on y diſpoſe les voiles comme s'il alloit au plus-prés , & qu'on y largue les bras , & les boulines.

IX.

Si pluſieurs Vaiſſeaux ſe trouvent ſur une même ligne LI, & que neanmoins ils ne faſſent pas la même route : on ne peut pas dire qu'ils ſoient en ligne ; parce qu'ils ne ſont qu'un moment, & par hazard ſur une ligne droite.

X.

Si pluſieurs Vaiſſeaux ſe trouvent ſur la ligne MN , ou ſur la ligne OP, & qu'ils faſſent la même route , on pourra dire qu'ils ſont *en ligne* ; mais ſi les lignes MN, OP ne ſont pas les lignes du plus-prés du vent , on dira que ces Vaiſſeaux ſont *en ligne de convoi* ; parceque ces ſortes de lignes ſont plus propres des Vaiſſeaux Marchands, que des Vaiſſeaux de guerre.

Remarque.

Nous verrons plus bas que les Vaiſſeaux de guerre ſe rangent quelquefois ſur la perpendiculaire du vent , & même ſur des lignes paralleles au lit du vent : mais nous verrons en même temps que cette maniere de les ranger , ne leur convient que quand ils ne ſont pas dans des parages où ils puiſſent rencontrer les ennemis.

XI·

X I.

Si les Vaisseaux A B, ou les Vaisseaux C D sont rangez sur une Planc. 2. des deux lignes du plus-près, & qu'ils ne fassent pas route au plus-près surquoi ils sont rangez, on dit qu'ils sont *en ligne de marche*. Ainsi on dira que les Vaisseaux A B sont *en ligne de marche Stribord* ; parce qu'étant rangez sur la ligne du plus-près Stribord ils courent vent-arriere : & on dira que les Vaisseaux C D sont *en ligne de marche bas-bord* ; parce qu'étant rangez sur la ligne du plus-près bas-bord, ils courent au plus-près stribord.

X I I.

Si les Vaisseaux E F, ou les Vaisseaux G H sont rangez sur une Figur. 2. des lignes du plus-près du vent, & qu'ils fassent route au plus-près sur quoi ils sont rangez, on dit qu'ils sont *en ligne de combat*. Ainsi nous dirons que les Vaisseaux E F sont *en ligne de combat bas-bord* ; parce qu'ils courent au plus-près bas-bord, & qu'ils sont rangez sur la ligne du plus-près bas-bord. De même nous dirons que les Vaisseaux G H sont *en ligne de combat stribord* ; parce qu'ils sont rangez sur la ligne du plus-près stribord, & qu'ils sont route au plus-près stribord.

Remarque.

Nous verrons plus bas les raisons pour lesquelles les Armées se rangent ainsi dans le combat : ce qui a donné lieu d'appeller encore simplement *ligne* l'Ordre d'une Armée qui combat, & d'appeller *Vaisseau de ligne* un Vaisseau qui est assez fort pour combattre en *Vaisseau de ligne.* bataille rangée. J'ai dit un Vaisseau qui est assez fort : car les Vaisseaux trop foibles bien loin de fortifier une Armée par leur nombre, la perdroient immanquablement, s'ils se mettoient en ligne avec les autres, pour les raisons que nous dirons dans la suite. Il suffit de sçavoir présentement qu'on entend sous le nom d'un Vaisseau *de ligne*, un Vaisseau qui est du moins de cinquante piéces de canon, & qui porte du moins des canons de 18. livres de bale dans la premiere Batterie.

X I I I.

XIII.

   Nous difons qu'un Vaiffeau *revire*, quand il fe tourne pour paffer d'une ligne du plus-prés à l'autre : comme fi aprés avoir couru au plus-prés ftribord, il fe tourne pour courir au plus-prés bas-bord. On revire de deux manieres. 1. On revire *vent-devant*, quand on revire en faifant venir le Vaiffeau au vent. Ainfi nous dirons que le Vaiffeau B revire *vent-devant* fi aprés avoir couru quelque temps fur la ligne B D qui fait le plus-prés ftribord, il fe tourne vers le point C qui répond au vent, pour fe ranger enfuite fur la ligne B A qui fait le plus-prés bas-bord. 2. On revire vent-arriere quand on revire en faifant arriver le Vaiffeau. Ainfi nous dirons que le Vaiffeau B revire vent-arriere, fi aprés avoir couru quelque temps fur la ligne B D qui fait le plus-prés ftribord, il fe tourne vers le point P opposé au vent, pour fe ranger fur la ligne B A qui fait le plus-prés bas-bord.

XIV.

   On dit qu'un Vaiffeau revire *de pouppe à proüe*, quand il fe tourne pour prendre une route entierement opposée à celle qu'il tenoit auparavant. Ainfi quand le Vaiffeau H quitte la route H M pour prendre la route H L, on dit qu'il revire *de pouppe à proüe*.

XV.

On dit qu'un Vaiffeau G eft par *le travers* d'un autre Vaiffeau E, quand la ligne E G eft perpendiculaire fur la ligne E F qui fait la route du Vaiffeau E. Ainfi le Vaiffeau E n'eft pas par *le travers* du Vaiffeau G, parceque la ligne E G n'eft pas perpendiculaire fur la ligne G I qui fait la route du Vaiffeau G. Il faut que nous faffions une attention particuliere fur ce terme, parce qu'il fera d'un grand ufage, & qu'il fervira beaucoup à rendre nos régles plus courtes & plus intelligibles.

XVI.

Nous difons qu'une Armée fait *fuccefﬁvement* quelque maneuvre en quelque point, quand tous les Vaiffeaux y viennent faire les uns aprés les autres cette même maneuvre. Ainfi nous dirons que l'Armée G I revire *fuccefﬁvement* au point I, & que l'Armée N O arrive *fuccefﬁvement* au point O : parceque tous les Vaiffeaux G I viennent revirer les uns aprés les autres au point I ; de même les Vaiffeaux N O viennent faire vent-arriere fuccefﬁvement au point O.

XVII.

Pl. 3.

A
C
D
B
C
D
A
C
B
P
N
E
F
O
G
I
H
M
L
B
2

16
Pl. 4.
L
P
O
M
D
I
H
A
B
K
C
G
C
B.IIII.

XVII.

On dit qu'une Armée fait *toute en même temps* une maneuvre, Planc. 4. quand tous les Vaisseaux font en même temps cette maneuvre. Ainsi on dira que l'Armée L M revire *toute en même temps*, parce que tous les Vaisseaux L M revirent en même temps.

XVIII.

Nous disons qu'un Vaisseau est en *pane*, quand aiant cargué ses basses-voiles, il fait servir un de ses Huniers, & tournant l'autre contre le vent, le met sur le mât, afin que le Vaisseau se trouve poussé de l'avant par le Hunier qui sert, & repoussé de l'arriere par celui qui est sur le mât, & qu'il demeure ainsi comme fixe. Nous disons donc que le Vaisseau N est en *pane*, parceque son grand Hunier O sert, & que son petit Hunier P est sur le mât.

XIX.

Si la ligne A B est perpendiculaire au lit du vent G H : tous les Figur. 2. Vaisseaux qui sont sur la ligne A B sont également au-vent : mais les Vaisseaux C qui sont au-vent de la ligne A B, feront aussi au-vent des Vaisseaux A, B ; & le Vaisseau D qui est sous-le vent de la ligne A B, sera aussi sous-le vent des Vaisseaux A, B. En effet, si les Vaisseaux A, B, C, D sont également bons Voiliers, & que forçant de voiles ils courent tous au plus-prés, les uns stribord, les autres bas-bord : les Vaisseaux A & B se rencontreront au point K de la ligne G I, dont ils sont également éloignez, & en même temps le Vaisseau C sera au point G de la même ligne au-vent des Vaisseaux A, B, & le Vaisseau D sera au point I de la même ligne sous-le vent des Vaisseaux A, B.

Remarque 1.

Pour rendre la chose plus sensible, il faut considerer le vent comme un grand fleuve d'air, qui coule par des lignes paralleles à la ligne G I, & dont la source est au bout de ces mêmes lignes du côté de G : car alors nous dirons qu'un Vaisseau est au-vent d'un autre quand il est plus-prés de la source du vent, & qu'il est sous-le vent quand il est plus éloigné de la source du vent, que l'autre. Ainsi nous comprendrons aisément que les Vaisseaux A, B sont également au-vent, parce qu'ils sont également éloignez de la source du vent : qu'ils sont au-vent du Vaisseau D, parceque celui-ci est plus éloigné de la source du vent ; enfin que les Vaisseaux A, B sont sous-le vent des Vaisseaux C, parceque les Vaisseaux C sont moins éloignez de la source du vent que les Vaisseaux A, B.

B iiiij   Remarque

Remarque 2.

Quand on veut connoître si quelque chose est au-vent du lieu où on se trouve : il faut tourner le visage contre le vent, & alors tout ce que nous trouverons précisément à nôtre droite, ou à nôtre gauche, sera également au-vent avec le lieu où nous sommes ; mais tout ce qui sera de l'avant sera au-vent, & tout ce qui sera de l'arriere sera sous-le vent.

§. I I.

Supposition qui doit servir de principe à tout le Traité.

Planc. 5. NOus supposons que les Vaisseaux de guerre sont armez de canons qu'on range le long de leurs côtez : d'où il suit qu'un Vaisseau ne peut pas combattre, qu'il ne présente le côté à l'ennemi. De même quand plusieurs Vaisseaux en combattent plusieurs autres, il faut que chacun de ceux-ci présente le côté à chacun de ceux-là, & qu'ils soient rangez sur deux lignes paralleles, comme on voit les Vaisseaux A B qui combattent les Vaisseaux C D.

Remarque.

Les Anciens rangeoient leurs Armées Navales, de telle maniere qu'elles faisoient front à l'ennemi : parceque les machines dont ils armoient leurs Bâtimens se mettoient sur leur proüe : c'est pour la même raison que les Galéres dans un combat se rangent en croissant, dont Planc. suivante. les cornes tournent vers l'ennemi, & dont le milieu est occupé par le Général, afin que de là il découvre plus aisément tout ce qui se passe dans son Armée ; les deux Armées ainsi disposées s'approchent, & le combat aiant commencé par les cornes des croissans, s'étend insensiblement jusques à ce que les deux Armées se soient mêlées, & que chacun puisse partager le peril & la gloire de l'action.

Exemple.

Figure suivante. La Bataille de Lépante est une des plus fameuses actions qui se soient fait à la mer. Elle se donna dans le Golphe de Lépante le 7. Octobre 1571. entre les Chrêtiens & les Turcs. L'Armée Chrêtienne étoit composée de 205. petites ou grandes Galéres, & les Turcs en avoient prés de 260. les uns & les autres faisoient une grande ligne un peu recourbée par les deux bouts du côté de l'ennemi. Dom Jean d'Austriche Généralissime des Chrêtiens s'étoit mis au milieu de son Armée, & avoit donné son Aîle droite au fameux André Doria, & son Aîle gauche à Michel Barbarigo. Le Bassa Pertau Général des Turcs s'étoit aussi mis au milieu de son Armée avec le Bassa Ali, &

avoit

Pl. 6.

Pl. 6.

M. Ogier fec. oB-R.

avoit donné son Aîle droite aux Bassas d'Alexandrie Mehemet & Si- Planc. 6.
roco, & son Aîle gauche à Uluchiali Gouverneur d'Alger. Ce fut
sur les deux heures aprés midi que les deux Armées s'étant approché
à force de rames, & avec des cris épouvantables, le combat commença. Nôtre Aîle gauche fit d'abord des merveilles : Barbarigo y atta-
qua les Turcs avec tant de valeur, que les Barbares ne pouvant plus
soûtenir le feu des Chrêtiens, s'échoüérent eux-mêmes sur le rivage
voisin, où se jettant à la mer ils gagnérent les uns la terre, les autres
périrent dans les eaux, laissant leurs Galéres à la merci du Victorieux.
Barbarigo ne goûta pas long-temps le plaisir de sa victoire, une des
dernieres fléches des Turcs l'aiant blessé à l'œil, il mourut le lendemain avec un grand nombre de vaillans Officiers qui avoient imité sa
valeur, en partageant les travaux & l'honneur de son action. Cependant les deux Corps de bataille combattirent avec un acharnement
qui passe l'imagination : Dom Jean d'Austriche avoit abordé la Galére
du Bassa Ali, & malgré trois cens Janissaires qui la défendoient, l'a-
voit emporté le sabre à la main. L'exemple de ce vaillant Général ani-
ma si fort les Chrêtiens à droit & à gauche, qu'ils se jettérent comme
des Lions sur les Turcs, abordérent, prirent, coulérent à fond, brûlérent grand nombre de leurs Galéres, couvrant toute la mer des corps
morts des Infidelles. Ceux-ci se défendoient fort-bien, & mêlant
leurs hurlemens avec le bruit effroiable des canons, augmentoient l'horreur d'un combat, où mille objets affreux pouvoient donner de la terreur aux ames les plus intrépides. Le Général Pertaud soûtint durant quatre heures les assauts de quatre Galéres Chrêtiennes : mais enfin se voiant presque seul sans rames, & sans gouvernail au milieu
d'un tas de corps morts, il sauta dans un brigantin où il fut tué dans
sa retraite. Le combat ne fut aprés cela qu'un effroiable carnage :
les Turcs se voiant sans chef se jettérent à la mer, & se sauvoient à la
nage vers les Bâtimens Chrêtiens : mais la fureur du combat les y faisoit recevoir à coups de sabre ; on leur coupoit les bras, on leur
fendoit la tête, on les assommoit à coups de rames ; jamais il n'y eut
une si affreuse tuërie. Le seul Uluchiali aiant laissé Doria au-large
s'étoit jetté sur nôtre Corps de bataille, & y avoit fait en peu de
temps un grand ravage ; mais craignant que Doria ne le prît par derriere, il se retira de la mélée avec trente Galéres, qui seules échappé-
rent d'une défaite si générale. Il y perit vingt-cinq mille Turcs, ou- *Victoire des*
tre trois mille-cinq cens prisonniers que les Chrêtiens sauvérent avec *Chrétiens.*
cent-trente Galéres qu'ils prirent. Ceux-ci ne perdirent que dix mille
hommes, & quinze de leurs Galéres : & ils alloient détruire l'Empire
Ottoman, s'ils avoient profité d'une si belle victoire.

C ij   §. III.

§. III.

Donner chasse.

I.

Planch. 7. SI le Vaisseau A parcourt la ligne A E , & le Vaisseau B la ligne B E , de telle sorte qu'ils se trouvent toûjours sur des lignes F G paralleles à A B ; ils seront toûjours dans le même rumb l'un à l'égard de l'autre , & ils se rencontreront au point E où les lignes A E, B E concourent.

Corollaire 1.

Si le Vaisseau A qui est au-vent du Vaisseau B , arrive plus que lui, & qu'il le tienne toûjours au même rumb , il l'atteindra en quelque point E.

Corollaire 2.

Afin que le Vaisseau A donne chasse au Vaisseau B par la voye la plus courte, il faut qu'*il arrive sur lui autant qu'il pourra, en le tenant toûjours au même rumb de vent.* 1. Nous voulons que le Vaisseau A arrive plus que le Vaisseau B ; car si le Vaisseau A couroit par la ligne A C parallele à la ligne A E , il ne l'atteindroit pas en le tenant au même rumb. 2. Nous voulons que le Vaisseau A arrive autant qu'il pourra sur le Vaisseau B en le tenant au même rumb : parce qu'il se peut faire que le Vaisseau A qui tient le Vaisseau B au même rumb en courant la ligne A E , le tiendroit aussi au même rumb en courant la ligne plus courte A F ; car comme les Vaisseaux doublent leur sillage en arrivant davantage , il se pourra faire que le Vaisseau A n'emploie pas plus de temps à parcourir les lignes A H , que les lignes A G.

Corollaire 3.

Figur. 2.
3. Si le Vaisseau A se doit mettre à côté du Vaisseau B , ou de l'avant, ou de l'arriere , il lui donnera chasse comme nous venons d'expliquer, & l'aiant approché autant qu'il convient , il se rangera sans peine à son poste. On peut même observer que si le Vaisseau A doit se mettre de l'avant , il tienne le Vaisseau B un peu plus sous-le vent , & s'il doit se mettre de l'arriere il le tienne un peu plus au-vent.

Remarque

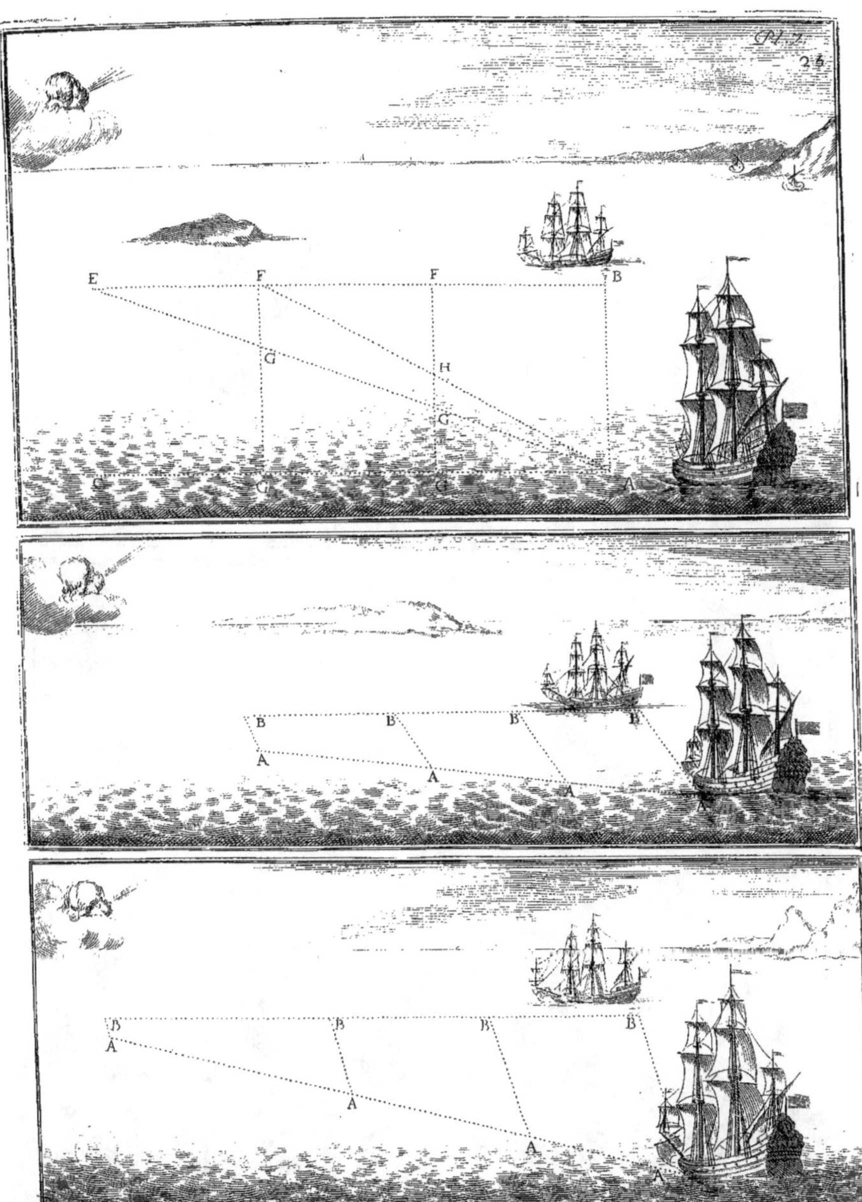
Pl. 7.
26
E F F B
G H
G
A
B B B B
A A A
B B B B
A
A

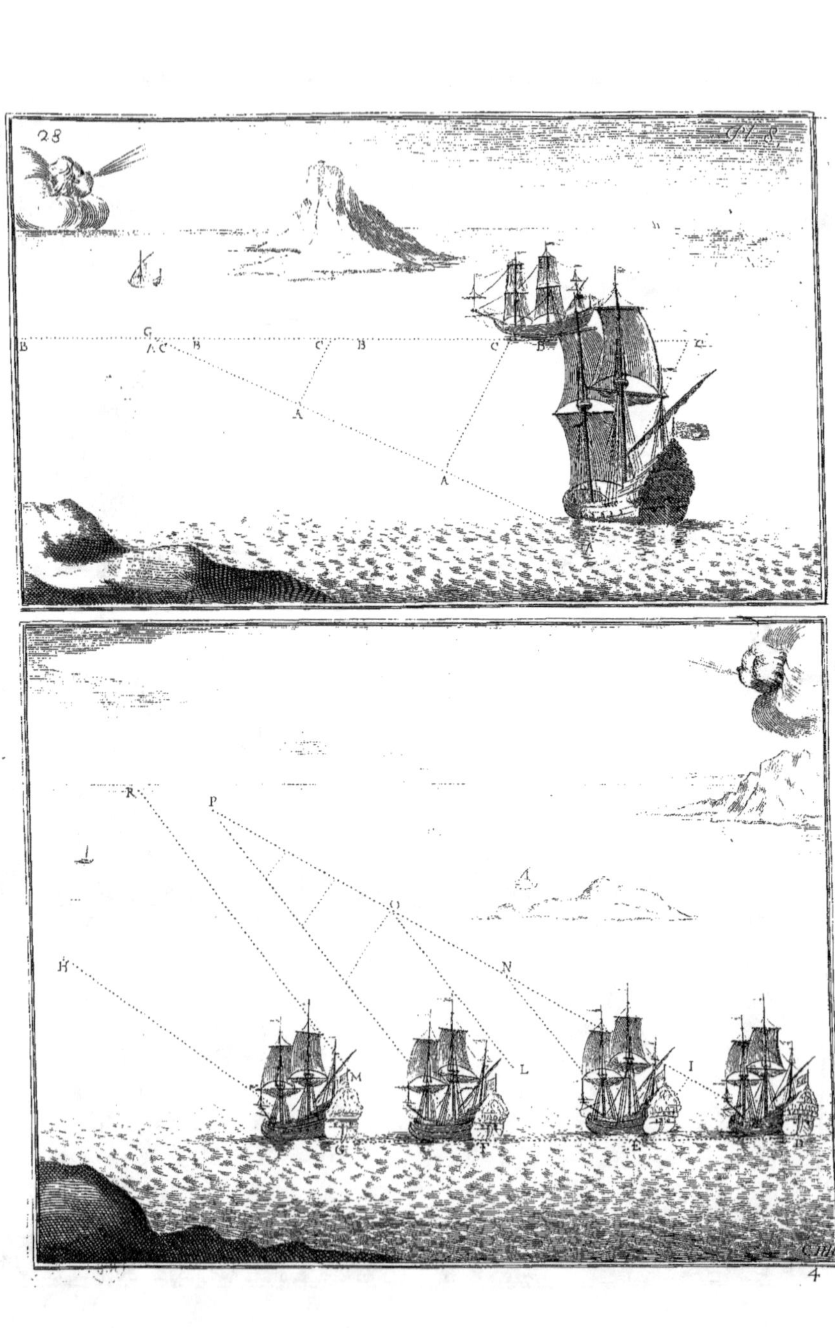
Pl. 8.
B   G   C   B   C   B   Z
A C B
A
A
R   P
O
H   N
F   M   L   I
G   T   E   D
4

Remarque 1.

Je fçai que des gens fort habiles demandent plus d'exactitude dans Planc. 8.
la pratique des deux derniers corollaires. Ils veulent par exemple,
que fi le Vaiffeau A doit fe mettre de l'arriere du Vaiffeau B, on imagine quelque point C qui foit de l'arriere du Vaiffeau B à la diftance
requife, & qu'enfuite le Vaiffeau A donne chaffe à ce point C : car
difent-ils, quand il l'aura atteint au point G, il fera dans fon pofte.
Mais on trouvera de grandes difficultez dans l'exécution de ces régles:
en effet comment fi bien fixer ce point imaginaire C, qu'on puiffe
le relever avec le compas de variation, pour connoître s'il nous refte
au même rumb ? d'autant plus qu'on ne peut fixer ce point imaginaire que par rapport au Vaiffeau, à quoi on ne fçauroit vifer en même
temps qu'on vife au point C.

Remarque 2.

Il feroit encore bien plus impoffible de faire les Evolutions Navales par ces points imaginaires, comme nous l'allons voir dans l'exemple qui fuit.

Soient les Vaiffeaux D, E, F, G rangez fur la ligne DG, & qu'il Figur. 2.
faille les ranger fur quelque ligne parallele à la ligne DP. Le Vaiffeau E donnera chaffe au point imaginaire I qui eft dans la ligne DP
à la diftance requife par rapport au Vaifseau D ; le Vaifseau F donnera chaffe au point imaginaire L qui eft dans la ligne E L parallele
à la ligne DP à la diftance requife du Vaifseau E ; enfin le Vaifseau
G donnera chaffe au point imaginaire M. Puis quand le Vaiffeau E
aura joint le point I au point N, que le Vaifseau F aura joint le point
L au point P, &c. les quatre Vaifseaux fe trouveront rangez comme
nous voulions. Je découvre encore plus de difficultez dans l'exécution de cette régle, que dans l'exécution de la précédente. Car outre
l'impoffibilité qu'il y a de fixer ces points imaginaires, comment les
pourroit-on fixer dans les lignes qui conviennent ? comment connoî-
troit-on par exemple que la ligne E L imaginaire eft parallele à la ligne imaginaire DP ? Je penfe que nos plus habiles Marins voulant
mettre les quatre Vaifseaux D, E, F, G fur une ligne parallele à la ligne DP, feront prendre au Vaifseau G la route GH parallele à DP,
& les trois autres Vaifseaux continuant encore la même route DG
viendront fucceffivement au point G fe mettre dans les eaux du Vaiffeau G. Ce qui rangera fans peine & en peu de temps les Vaifseaux
D, E, F, G fur la ligne DH.

C iiiij   Remarque

Remarque 3.

Planc. 9. Il ne faut pas même ſe perſuader que la méthode des points imaginaires ſoit la plus courte dans la ſpéculation. Pour en être convaincu,
il faut conſiderer que les Vaiſſeaux ne ſont pas également bons voiliers ; ainſi il ſe pourra faire que quand le Vaiſſeau E arrivera autant
qu'il ſera néceſſaire pour donner chaſſe au point I, le Vaiſſeau F ne
pourra plus tenir le point L au même rumb , à moins qù'il ne tienne
plus le vent ; & par conſéquent il s'en éloignera durant tout le temps
que le Vaiſſeau E chaſſera le point I, & quand le point L ſe trouvera
au point O , le Vaiſſeau F ſera dans quelque point P , au lieu d'être
au point M ; ce qui augmentera beaucoup le chemin qu'il lui faudra
parcourir pour atteindre le point L. D'ailleurs il ſe pourra faire que le
Vaiſſeau F devra encore plus venir au-vent pour chaſſer le point L ,
quand le Vaiſſeau E tiendra la route N R , & en ce cas le Vaiſſeau F ſe
rendroit dans ſon poſte par une ligne courbe ; & par conſéquent par une
voye qui ne ſeroit pas la plus courte. De plus la faute d'un ſeul Vaiſſeau rendroit tous les efforts de toute l'Armée inutiles , enſorte que tous
les autres ſuivant exactement les régles de l'Evolution, ne pourroient
jamais l'achever. Mais je m'arrête trop à une méthode qu'on n'a peut-
être jamais penſé de mettre en pratique.

I I.

Figur. 2. Si le Vaiſſeau A eſt ſous-le vent du Vaiſſeau B qu'il doit chaſſer ,
nous trouverons pluſieurs cas differens.

1. Si le Vaiſſeau B couroit la bordée B G qui l'approche du Vaiſſeau A , celui-ci courroit l'autre bordée A G , & s'il pouvoit tenir le
Vaiſſeau B au même rumb, il l'atteindroit au point G où les deux
bordées ſe croiſent.

Remarque.

Plus le Vaiſſeau A arrivera , plûtôt il atteindra le Vaiſſeau B : mais
il faudra auſſi que ſa vîteſſe croiſſe , afin de le tenir au même rumb ;
parceque les lignes A G croîtront à meſure que le Vaiſſeau A arrivera
davantage. Si le Vaiſſeau A ne peut pas tenir le Vaiſſeau B au même
rumb , en portant au plus-près comme lui ; il aura recours aux régles
ſuivantes ; à moins qu'il ne reconnoiſſe qu'il n'eſt pas ſi bon voilier
que le Vaiſſeau B : car alors il ſeroit inutile de continuër la chaſſe. On
connoîtra que le Vaiſſeau A eſt moins bon voilier que le Vaiſſeau B,
ſi on s'apperçoit qu'étant également au-vent , il ne peut pas le tenir au
même rumb.

2. Si

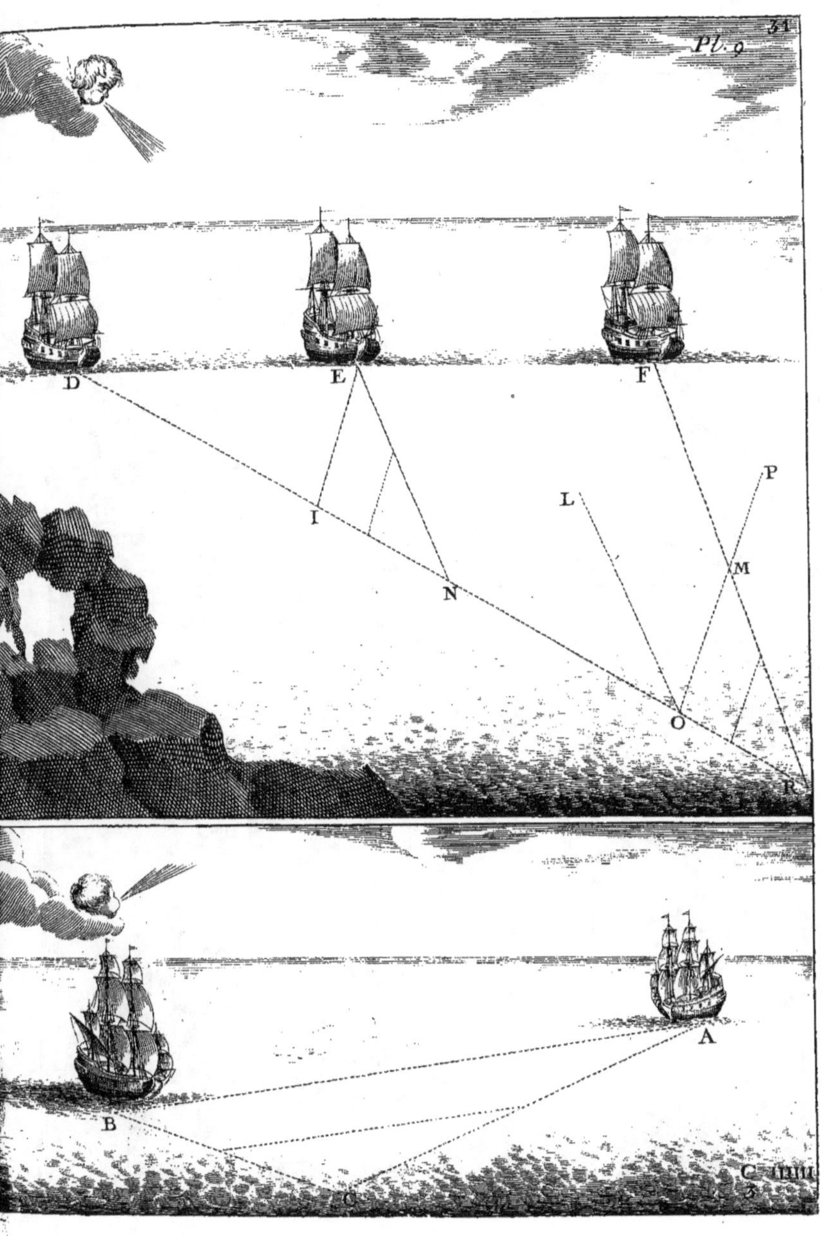
D
E
F
P
L
I
M
N
O
R
B
Q
A
C

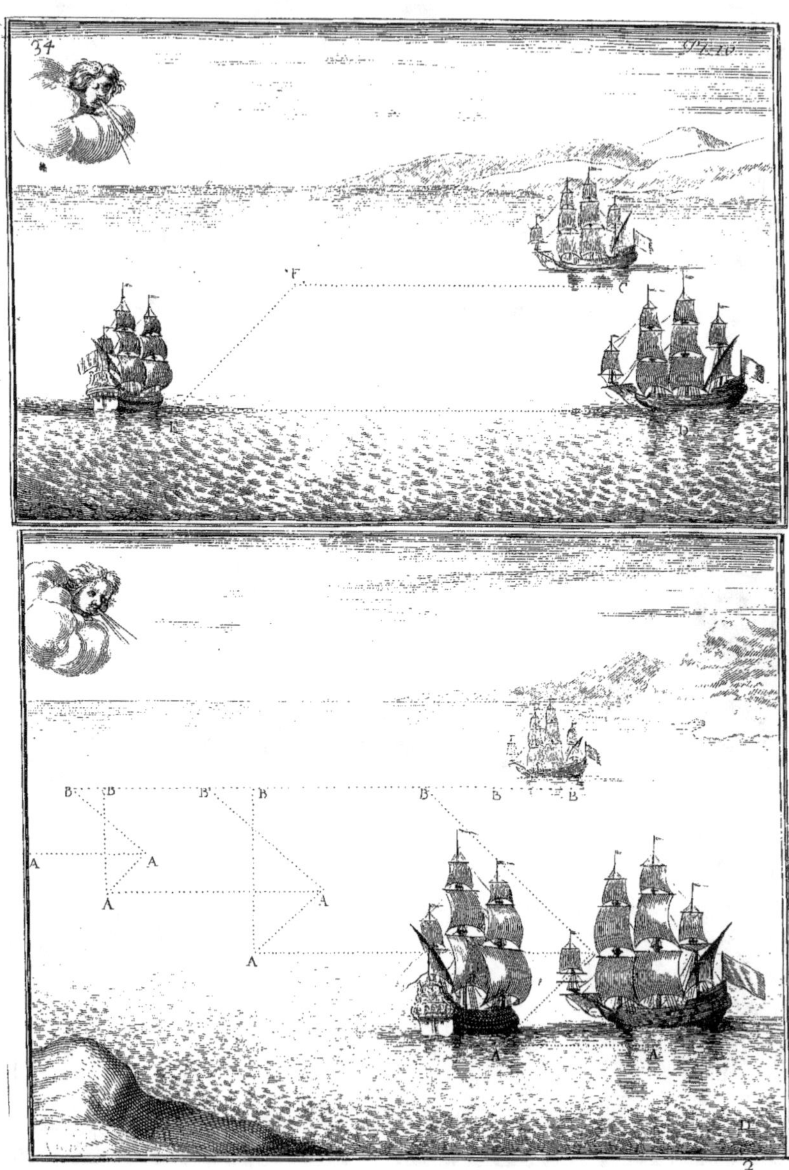
34
F
C
E
D
B B B B B B B
A A
A A
A
A
2

2. Si le Vaiſſeau D eſt beaucoup ſous-le vent du Vaiſſeau C qu'il *Planc. 10.*
doit chaſſer, il courra la même bordée, juſques à ce qu'il puiſſe revirer ſur lui : ſçavoir quand étant venu au point E, il trouvera le
Vaiſſeau C au point F, de telle maniere que l'angle F E D ſera de
quatre rumbs.

Remarque 1.

La méthode précédente eſt celle des meilleurs Maneuvriers, parceque de cette ſorte ils ne s'éloignent pas beaucoup de leur proye, &
qu'aprés deux bordées ils ſe trouvent dans ſes eaux.

Remarque 2.

Le Vaiſſeau D pourroit continuër ſa bordée juſques à ce qu'il pût *Autre mâ-*
couper le Vaiſſeau C ; mais il ſe mettroit en danger de perdre ſa proye *niere.*
en s'en éloignant beaucoup : un broüillard, un changement de vent,
un cap, la nuit, mille accidens fort fréquens à la mer, pourroient donner lieu au Vaiſſeau C de changer, & de cacher ſa route, & même
d'échapper. Ainſi on ne doit prendre ce parti que quand on eſt extrémement prés de ſa proye, ou qu'on donne chaſſe à un Vaiſſeau ami
ſeulement pour le joindre.

Remarque 3.

Si le Vaiſſeau A chaſſant le Vaiſſeau B qui eſt au-vent, s'en trouve *Autre mâ-*
extrémement éloigné, il faudra qu'il coure la même bordée que lui, *niere.*
juſques à ce qu'il l'ait amené par ſon travers ; alors le Vaiſſeau A revi- *Figur. 2.*
rera, & courra ſa bordée juſques à ce qu'il ait encore amené le Vaiſſeau B par ſon travers. Il fera la même choſe revirant toutes les fois
qu'il trouvera le Vaiſſeau B par ſon travers, juſques à ce qu'il en ſoit à
une diſtance qui ne le mette pas en danger de le perdre de vûë. J'ai
dit quand le Vaiſſeau A eſt extrémement éloigné, parce qu'alors il
s'éloigneroit trop de ſa proye en courant juſques à ce qu'il pût revirer
ſur le Vaiſſeau B. Mais auſſi quand le Vaiſſeau A eſt peu éloigné du
Vaiſſeau B, il perdroit un temps infini, s'il reviroit toutes les fois qu'il
le trouve par ſon travers.

Remarque 4.

Si le Vaiſſeau qu'on chaſſe eſt ſous-le vent, il fera vent-arriere pre- *Pour éviter*
nant un rumb ou deux au-vent, à moins qu'il n'allât extraordinaire- *la chaſſe.*
ment bien vent-largue. Si le Vaiſſeau chaſſé eſt au-vent, il courra
toûjours la bordée qui l'éloigne plus de l'ennemi, afin de profiter de
toutes les occaſions que la mer lui pourroit fournir de faire une fauſſe
route, & de ſe tirer hors de la vûë du Corſaire.

D ij   Rem

Remarque 5.

Planc. 11.

Nous avons dit que fi le Vaiffeau B eft fous-le vent du Vaiffeau A qu'il chaffe, & qu'il n'y ait nul danger de le perdre de vûë, ou parce qu'il eft fort proche, ou parce qu'on le chaffe bien au large, d'un temps fait & fin, & de grand matin en efté, ou parceque c'eft un Vaiffeau ami qu'on veut joindre : alors le Vaiffeau B doit courir la même bordée que le Vaiffeau A, jufques à ce qu'il puiffe le couper en revirant. Il faut à préfent déterminer comment on connoîtra que le Vaiffeau B en revirant pourra couper le Vaifseau A. 1. Il eft évident que fi le Vaifseau B qu'on fuppofe être meilleur voilier que le Vaifseau A, court jufques à ce qu'il foit autant au-vent que le Vaifseau A, il pourra le couper en revirant. Il femble d'abord qu'on doit rejetter cette maniere, comme faifant la bordée du Vaifseau B beaucoup plus grande qu'il n'eft nécefsaire : neanmoins je ne la voudrois pas tout-à-fait condamner, parceque le Vaifseau B pourra récompenfer la perte du temps qu'il a faite ; car il arrivera enfuite fur le Vaifseau A, autant qu'il pourra en le tenant toûjours au même rumb, comme nous avons dit plus haut. 2. Le Vaifseau B fçaura afsez exactement le point où il doit revirer pour couper le Vaifseau A, s'il remarque le temps qu'il a emploié, depuis qu'il étoit par fon travers, jufques à ce qu'il ait pû revirer fur lui : car en courant encore autant de temps, il fe trouvera afsez en état de le couper.

Figur. 2.

3. Si le Vaifseau A qui eft au-vent arrive : le Vaifseau B lui donnera chaffe en tenant le vent autant qu'il pourra, pourveu qu'il le garde au même rumb. Ainfi quand le Vaifseau B courra par la ligne B C en tenant le Vaifseau A au rumb parallele à B A, il le joindra au point C : mais fi le Vaifseau B court par la ligne B D, & qu'il tienne encore le Vaifseau A au même rumb, il le joindra au point D.

Remarque.

Comme les Vaifseaux vont beaucoup mieux vent-largue qu'au plusprés, il fera difficile que le Vaifseau B puifse chafser le Vaifseau A par deux routes differentes : car fi en courant par la ligne B C, il tient le Vaifseau A au même rumb, en courant par la ligne B D il ne pourra plus le tenir au même rumb ; parce qu'en venant au-vent, il diminuë fa vîtefse qu'il faudroit augmenter pour le tenir au même rumb, les lignes B G étant plus longues que les lignes B F.

§. IV.

Pl. II
B A
D E
F
C
F
G
F
B
G
F
Pl. III

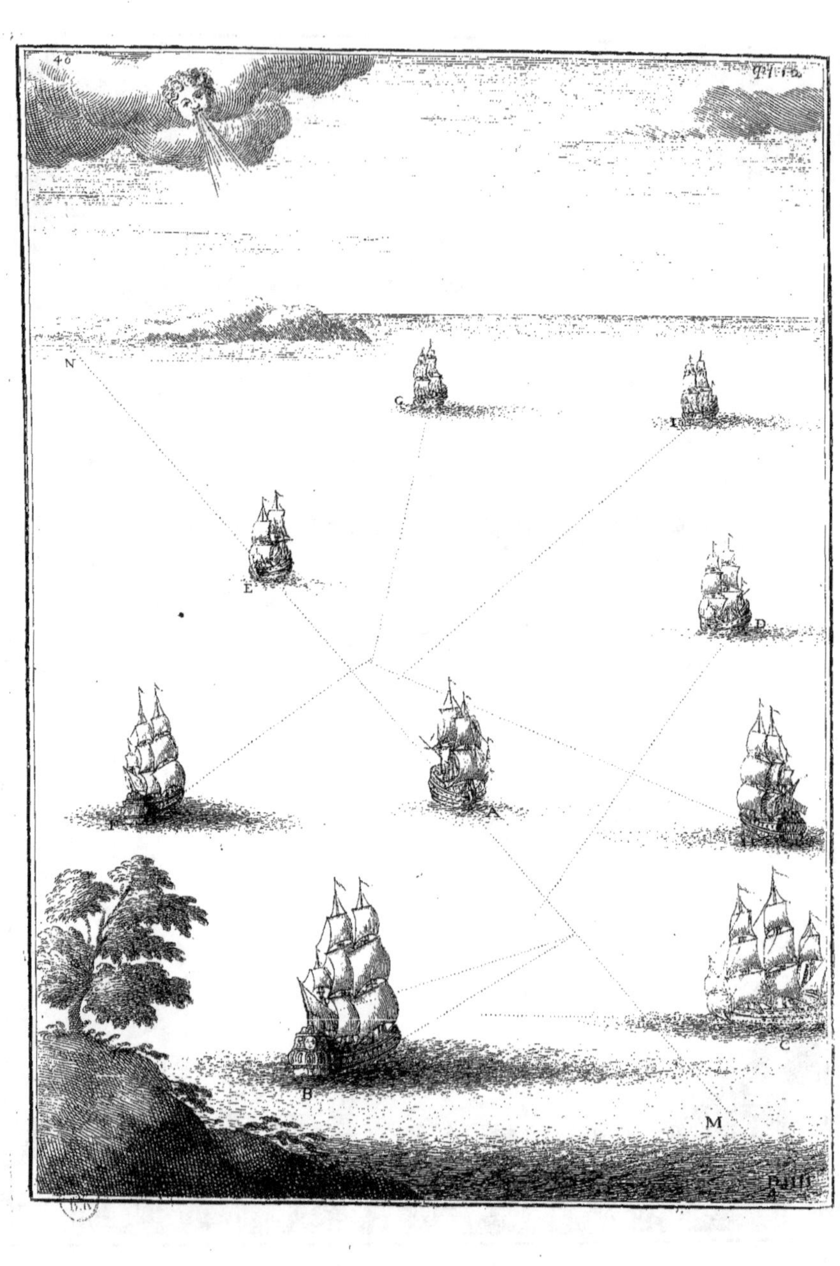
40
N
G
I
E
D
F
A
H
B
C
M

§. IV.

Ranger plusieurs Vaisseaux sur une ligne droite parallele au rumb donné.

I.

QUand on aura déterminé le rumb de vent sur lequel l'Armée *Planc. 12.* se doit ranger en ligne : le Vaisseau A de la tête arrivera autant qu'il sera nécessaire, afin que le reste de l'Armée se mette aisément dans ses eaux. Ensuite chaque Vaisseau donnera chasse à celui qui le doit précéder dans la ligne, & aprés s'être mis derriere, il courra comme lui. De cette maniere les Vaisseaux A, B, C, D, E, F &c. seront bien-tôt rangez sur la ligne N M.

Remarque.

On doit observer cette régle comme toutes les autres avec les circonspections qu'exigent plusieurs differentes circonstances : car en la suivant à la lettre on feroit des abordages, & des maneuvres ridicules. Par exemple, si le Vaisseau C donnoit chasse au Vaisseau B, sans prendre les précautions nécessaires pour ne pas aborder le Vaisseau A, ou que le Vaisseau H donnât chasse au Vaisseau F, sans prendre garde au Vaisseau D, l'un & l'autre maneuvreroit tres-mal.

II.

D'autres aiment mieux ordonner à la tête A, & à la queuë I, de *Autre maniere.* se mettre l'une à l'égard de l'autre au rumb de vent qui convient sur les points M, N : aprés quoi les autres Vaisseaux se viennent ranger entre-deux chacun dans son poste.

Remarque.

Cette maniere a de grandes difficultez. 1. On perd beaucoup de *on la refute.* temps à poster la tête & la queuë de l'Armée dans le rumb qui convient. 2. Chaque Vaisseau ne trouvant pas son poste déterminé dans la ligne N M, les uns s'écarteront trop, les autres se serreront si fort, qu'ils ne laisseront pas toute la place nécessaire pour contenir les Vaisseaux qui doivent être entre-deux, ce qui causera mille desordres. 3. Les premiers Vaisseaux s'étant postez empêcheront les autres de découvrir la tête, & la queuë.

 §. V.

§. V.

L'Ordre de Bataille.

Planc. 13.

DAns un Combat les Armées se rangent sur deux lignes paralleles à une des deux lignes du plus-prés. Tous les Vaisseaux
portent au plus-prés sur quoi les Armées sont rangées, & ils sont à un
cable les uns des autres. Les Brulots, & les Bâtimens de charge sont
une demi-lieuë au large de l'Armée, du côté opposé à celui que les
ennemis occupent. Ainsi les Armées A B, C D qui combattent, sont
rangées sur la ligne du plus-prés bas-bord ; tous leurs Vaisseaux vont
à petites voiles au plus-prés bas-bord, & les Brulots E, E de l'Armée
A B sont à sa droite, parce qu'elle a les ennemis à sa gauche : & les
Brulots F, F de l'Armée C D sont au contraire à sa gauche, parcequ'elle a l'ennemi à sa droite.

Exemple.

Combat du
Texel. 1665.

Cet Ordre fut exactement gardé pour la premiere fois, dans le fameux Combat du Texel, où le Duc d'Iork à présent Roy d'Angleterre
défit les Holandois le 13. Juin l'an 1665. & c'est à sa Majesté Britanni-
que que nous en devons toute la perfection. L'Armée d'Angleterre
étoit de cent Vaisseaux de guerre ; l'Armée de Holande en avoit plus,
quoiqu'elle n'eût pas tant de Vaisseaux à trois pons. Les deux Armées se
trouvérent en présence au point du jour, & le vent étant au Sud-Ouest,
elles se rangérent sur deux lignes paralleles au Sud-Sud-Est, & elles occupoient chacune prés de cinq lieuës en longueur, celle des Anglois avoit
le vent. Le Duc d'Iork qui commandoit l'Armée d'Angleterre s'étoit
mis au Corps de bataille, & il avoit donné son Avant-garde au Prince
Robert, & au Comte de Sandvvich son Arriere-garde. Le sieur Opdam Amiral de Holande s'étoit aussi mis au milieu de son Armée par le
travers du Duc d'Iork, & il avoit opposé le Vice-Amiral Tromp au
Prince Robert. On se canona depuis trois heures du matin jusques à
onze, avec beaucoup de chaleur de part & d'autre, sans que la victoire se déclarât pour l'un ou pour l'autre parti. Les Holandois avoient pris
un Vaisseau Anglois, qui par une bravoure temeraire voulut seul traverser leur ligne : mais aiant arrivé de temps en temps au Sud-Est, ils
avoient marqué que le feu des Anglois leur faisoit de la peine. A
onze heures le Duc d'Iork fit arriver toute sa ligne sur l'ennemi, arrivant lui-même sur Opdam. Cette action renouvella l'ardeur des Com-
battans. Le bruit effroiable des canons, les débris des Vaisseaux, la
chûte des mâts, une fumée épaisse & mêlée de l'éclat du feu que les
Vaisseaux vomissoient en sautant, tout cela donnoit à ce combat toute
l'horreur

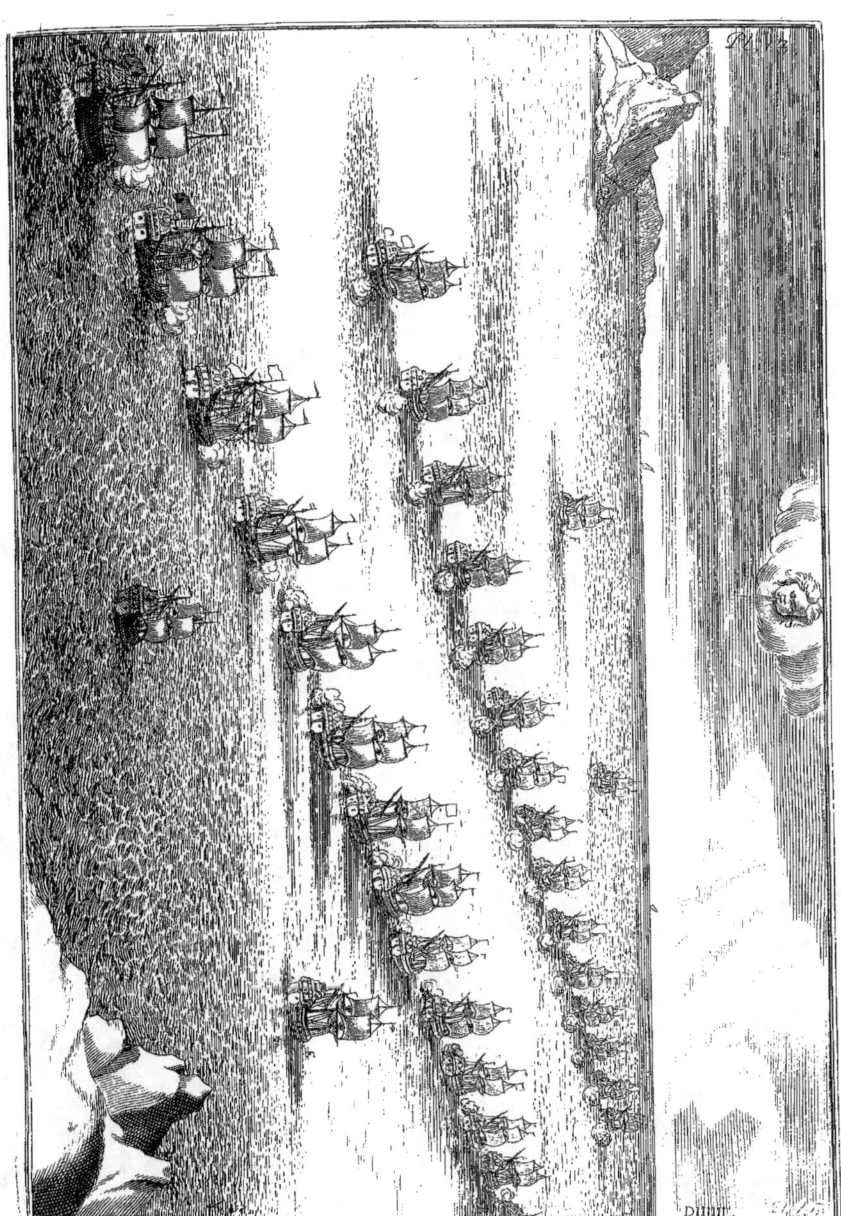

A
B
E
C
F

l'horreur qu'on peut imaginer. On dit que l'Amiral Opdam étoit cependant affis fur le haut de fa dunette, d'où il voioit avec un merveilleux fang-froid dans fon Vaiffeau, l'horrible défordre que le canon du Duc d'Iork y faifoit. Le grand nombre des corps morts qui couvroient fes ponts, les cris lamentables de ceux qui étoient bleffez autour de luy, la grêle de boulets qui avoit coupé une grande partie de fes maneuvres, rien ne pouvoit l'empêcher de donner fes ordres, & d'encourager les fiens par fes paroles, & par fon exemple. Sur les deux heures aprés midi le Duc d'Iork fit le fignal pour arriver tout-à-fait fur l'ennemi, & les Holandois commencérent à ne pas tant pincer le vent. Opdam feul & l'Orange Vaiffeau à trois ponts ne changérent point leur route ; mais un moment aprés, Opdam aiant reçû de fort prés toute la bordée du Duc d'Iork, fon Vaiffeau fauta en l'air, fans qu'on ait pû fçavoir par quel accident, quoiqu'il y eût cinq hommes de fon bord qui fe fauvérent. Les Holandois qui avoient déja perdu plufieurs Navires, voiant fauter leur Amiral firent vent-arriere pour fe retirer au Texel. Le Duc d'Iork les pourfuivit avec une ardeur incroiable *Victoire du Duc d'Iork.* jufques à l'entrée de leur port : il leur prît ou brûla vingt-deux Vaiffeaux de guerre, dont vingt étoient de cinquante à quatre-vingts piéces de canon : & il remporta fur eux la plus glorieufe victoire, & la plus complete qu'on eût encore gagné fur la mer. Elle ne coûta qu'un Vaiffeau aux Anglois avec la perte de trois à quatre cens hommes.

Remarque 1.

Avant que d'expliquer plus au long l'Ordre de bataille, il faut confiderer les avantages de l'Armée qui eft au-vent de l'ennemi, & ceux de l'Armée qui eft fous-le vent.

I.

L'Armée qui eft au-vent peut approcher l'ennemi quand elle veut *Avantages du vent.* & autant qu'elle veut, comme nous venons de voir dans l'exemple précédent. Ainfi l'Armée qui eft au-vent, régle le temps & la diftance du combat de la maniere qui lui eft plus avantageufe.

II.

Si l'Armée qui eft au-vent eft plus nombreufe, elle peut faire un dé- *Planc. 14.* tachement qui venant fondre fur la queuë des ennemis, les met infailliblement en défordre. Ainfi l'Armée A B fe trouvant plus nombreufe que l'Armée C D, pourra détacher les Vaiffeaux E, F, pour fondre fur la queuë D, qui ne pouvant pas long-temps foûtenir tant de feu pliera, & donnera lieu aux Vaiffeaux E, F & à d'autres encore qui fe joindront

E ij

à

Planc. 15. à ceux-ci, de charger les Vaiſſeaux ſuivans, & de pouſſer leur pointe tout le long de l'Armée ennemie. L'Armée A B qui étant plus nombreuſe eſt ſous le vent n'a pas le même avantage : car ſa queuë B F ne pouvant aller aux ennemis qui ſont au-vent, demeure comme inutile.

Exemple.

Combat d'Agouſta 1676. Jamais l'avantage du vent ne parut mieux que le 22. Avril 1676. dans le combat d'Agouſta, où l'Armée des Eſpagnols & des Holandois évita ſon entiere défaite, parce qu'elle étoit au-vent. L'Armée Françoiſe commandée par le ſieur du Queſne étoit de vingt-ſept Vaiſſeaux de ligne. Le Marquis d'Almeras Lieutenant général avoit l'Avant-garde, & le ſieur Gabaret chef d'Eſcadre l'Arriere-garde. Les ennemis avoient à peu prés un égal nombre de Vaiſſeaux, mais ils avoient de plus neuf Galéres. Ruiter commandoit leur Avant-garde, & l'Amiral d'Eſpagne étoit au Corps de bataille, le Vice-Amiral Holandois avoit l'Arriere-garde. Les deux Armées ſe rencontrérent ſur les côtes d'Agouſta d'aſſez bonne heure : mais les ennemis ſe tinrent au-vent juſques à quatre heures du ſoir. Ce fut alors que Ruiter arriva ſur nôtre Avant-garde en bon ordre, on le reçût de même, & on ſe battit avec beaucoup de vigueur : pluſieurs Vaiſſeaux furent deſemparez de part & d'autre. Le Marquis d'Almeras fut emporté d'un coup de canon, & Ruiter fut renverſé par un boulet qui lui aiant briſé les os du pied, le bleſſa à mort. Ces deux accidens mirent un peu de déſordre dans les deux Avant-gardes : mais le Chevalier de Valbelle Chef d'Eſcadre aiant pris la place du Marquis d'Almeras pouſſa ſi vivement ſa pointe, qu'une partie des ennemis ſeroit tombé entre ſes mains, ſi les Galéres n'euſſent remorqué leurs Vaiſſeaux deſemparez. Le combat commença plus tard dans le Corps de bataille, & s'étendit à peine juſques à l'Arriere-garde ; les ennemis qui avoient le vent en profitérent ſi bien, qu'ils ne s'engagérent qu'autant qu'il fallut pour ſauver leur honneur ; en attendant que les ténebres de la nuit les tiraſſent des mains des victorieux.

B
D
F
C
A

Pl. 16
B
A
D
C
E iiii

III.

Si quelques Vaisseaux de l'Armée qui est sous-le vent, sont desem- Planc. 16.
parez ou à la tête, ou à la queuë, ou même au milieu, l'Armée qui
est au-vent leur envoie plus aisément des Brulots, fait plus aisément
des détachemens pour fondre sur les fuyards. Ainsi quand plusieurs
Vaisseaux de l'Armée A B qui est sous-le vent seront desemparez ;
l'Armée C D détachera des Vaisseaux & des Brulots, pour fondre
sur eux, & tâchera de couper la tête, ou la queuë de l'Armée ennemie ; & le vent lui donnera un si grand avantage pour cela qu'il sera
mal-aisé à l'Armée A B de s'en défendre.

IV.

Il faut ajoûter aux autres avantages du vent, celui d'être délivré
des incommoditez que cause la fumée dans un Vaisseau qui est sous-le
vent. 1. Le vent repoussant la fumée des canons dans le Vaisseau y
étouffe les Canoniers, & leur ôte quelque temps la vûë de l'ennemi.
2. La même fumée empêche les Matelots de maneuvrer, & elle se
trouve souvent mêlée d'une pluie de feu qui brule les voiles & les
maneuvres, & cause mille accidens.

Remarque   2.

On ne peut pas nier que les avantages d'une Armée qui est sous-le *Avantages d'une Armée sous-le vent*
vent ne soient aussi tres-grands, & il s'est même trouvé des gens qui
ont crû que du moins il étoit aussi avantageux d'être sous-le vent que
d'être au-vent. Mais je pense que si on considére les choses avec un peu
plus de soin, on ne sera pas tout-à-fait de ce sentiment, & on trouvera que l'avantage du vent est le plus grand de tous ceux qu'une Armée
peut souhaiter, soit qu'elle soit plus ou moins forte que l'ennemi. Je
conviens qu'il est des cas extraordinaires, où il vaut mieux être sous-le
vent, par exemple quand le vent est forcé, ou qu'il y a une grosse mer,
quand on se bat avec peu de Vaisseaux, ou seul à seul. Mais encore
une fois, si deux Armées nombreuses se battent d'un vent fait & ma-
niable, celle qui est au-vent a un tres-grand avantage sur l'autre. Voici pourtant les avantages d'une Armée qui est sous-le vent.

I.

L'Armée qui est sous-le vent se bat au-vent, & par conséquent
ses Vaisseaux peuvent se servir de leurs batteries basses, sans craindre
qu'une risée de vent leur fasse prendre l'eau par leurs sabords. C'est
là sans doute le plus grand avantage que peut avoir l'Armée sous-
le vent, sur tout quand le vent est un peu frais. On ne sçauroit

E iiiij   exprimer

exprimer l'embarras, & la confusion où se trouvent les gens d'une
batterie basse, lorsque les risées de vent mettant de temps en temps
le Vaisseau à la bande, les obligent de fermer les sabords, pour se défendre des vagues qui inondent les ponts, & déconcertent les équi-
pages les mieux réglez.

II.

Planc. 17.   L'Armée qui est sous-le vent met plus aisément à couvert ses Vaisseaux desemparez. Car si les Vaisseaux E, F de l'Armée C D qui est
sous-le vent, viennent à être desemparez, ils n'auront qu'à se laisser
tomber sous-le vent pour se tirer de la mêlée, & pour travailler hors
du feu de l'ennemi à se raccommoder. La chose ne seroit pas tout-à-
fait si aisée aux Vaisseaux desemparez de l'Armée A B qui est au-vent.

III.

Figur. 2.   L'Armée qui est sous-le vent peut plus facilement se retirer du
combat, en cas qu'elle y soit contrainte. Car l'Armée G H voulant
se retirer du combat n'aura qu'à faire vent-arriere dans l'Ordre que
nous expliquerons plus bas : au lieu que l'Armée E F qui est au-vent
ne pourra pas se tirer de la mêlée sans traverser l'ennemi, ce qui est
d'une tres-dangereuse conséquence.

Remarque.

Je sçai bien qu'une Armée qui fait vent-arriere risque beaucoup si
l'ennemi est en état de la poursuivre. Mais il est des circonstances où
l'Armée qui est sous-le vent peut impunément se retirer en faisant
vent-arriere : comme quand la nuit s'approche, que le vent fraichit,
que la mer se grossit, que les ennemis sont embarrassez d'un convoi, &c.

Exemple.

Combat de
Bantri,
1689.   Les Alliez profitérent de ces avantages dans le Combat de Bantri
l'an 1689. Le Comte de Chateaurenaud Lieutenant Général commandoit l'Armée de France composée de vingt-quatre Vaisseaux de guerre,
& escortoit trois mille hommes de débarquement qu'on envoioit en Irlande, avec quantité de munitions. Milord Herber qui avoit une Escadre à peu prés égale, aiant sçû que les François faisoient leur débarquement dans la rade de Bantri, résolut de les y aller attaquer, ne
doutant point qu'il ne les dût trouver en désordre. Mais le Comte de
Chateaurenaud avoit pris toutes les précautions nécessaires, & il s'a-
vança en bon ordre pour recevoir les Anglois. Il les combattit avec tant
de

Pl. 17
53
B
D
F
E
A
K
H
G
F

Pl. 18.
B
C
C
C
B
A
A
G
F
H
E
G

de valeur, qu'ils furent bien-tôt contraints de faire vent-arriere. On les pourſuivit juſques à la nuit ; & le Comte de Chateaurenaud aiant enſuite heureuſement achevé ſon débarquement, il retourna à Breſt où il reçût les applaudiſſemens que méritoit ſon expédition. Aiant en onze jours porté le ſecours en Irlande, battu les ennemis, pris un convoi conſiderable, & ramené à Breſt ſon Armée en fort bon état.

§. V I.

Explication plus particuliere de l'Ordre de bataille.

I.

Nous avons dit que les Armées dans le combat devoient être ſur deux lignes droites : parceque ſi les Vaiſſeaux dans les Armées étoient rangez en croiſſant par exemple, les uns ſeroient aux mains tandis que les autres ſeroient bien hors de la portée du canon, ſans que ceux-ci puſſent s'approcher. Car ſi les Armées A A, B B ſont rangées en croiſſant, les Vaiſſeaux A, B ſeront aux mains, tandis que les Vaiſſeaux C, D ſeront beaucoup hors de la portée du canon ; & parceque les Vaiſſeaux dans le combat ſe préſentent le côté, les Vaiſ-ſeaux D, D ne pourront jamais venir à la portée des Vaiſſeaux C, C. *Planc. 18. Sur une li-gne droite.*

II.

Nous voulons que les Armées ſoient rangées ſur une des deux li-gnes du plus-prés pour pluſieurs raiſons. 1. L'Armée E F qui eſt au-vent perdroit ſon avantage ſi elle ne ſe tenoit pas ſur la ligne du plus-prés : car l'Armée H G qui eſt ſous-le vent pourroit lui paſſer au-vent ou la couper. 2. L'Armée E F qui eſt au-vent donneroit lieu à l'en-nemi H G de l'approcher autant qu'il voudroit, & par conſéquent de déterminer la portée, & le temps du combat. Je ſçai bien que l'Armée E F qui n'eſt pas rangée ſur une des lignes du plus-prés, peut neanmoins courir au plus-prés : mais je trouve deux inconve-niens dans cette maneuvre : car l'Armée E F ſembleroit fuïr, ſi elle portoit au plus-prés n'étant pas rangée au plus-prés, & elle auroit beaucoup plus de peine à ſe tenir en ligne, parceque les Vaiſſeaux ſe-roient en échiquier. *Figur. 2. Sur la ligne du plus-prés.*

Quand on eſt au-vent.

III.

Planc. 19. On met encore l'Armée qui eſt au-vent ſur la ligne du plus-prés, afin que ſes Vaiſſeaux deſemparez puiſſent ſe tirer plus aiſément de la mêlée. Car ſi le Vaiſſeau I qui eſt dans l'Armée du vent B A, vient à être deſemparé, il pourra courir largue de quatre rumbs ſtribord ſans tomber ſous-le vent de ſon Armée, qui eſt rangée ſur la ligne du plus-prés bas-bord. Ainſi pourveu qu'il ne tombe pas plus ſous-le vent que fait un Vaiſſeau à la cape, il coulera ſans peine au-vent le long de ſon Armée, & il y recevra tout le ſecours qui lui ſera néceſſaire. On ne pourroit pas dire la même choſe, ſi l'Armée B A étoit rangée ſur la perpendiculaire du vent, comme nous verrons plus bas dans le §. 8.

IV.

Quand on eſt ſous-le vent. Il ſemble d'abord que l'Armée qui eſt ſous-le vent doive moins chercher à être rangée ſur la ligne du plus-prés ; parceque les raiſons précédentes ne lui conviennent nullement : mais pluſieurs autres raiſons lui rendent cette maniere de ſe ranger abſolument néceſſaire. 1. Afin qu'elle puiſſe profiter de tous les changemens du vent, & de toutes les fautes de l'ennemi pour lui gagner le vent ; car quoiqu'une Armée qui eſt rangée ſur la perpendiculaire du vent, puiſſe porter au plus-prés ; neanmoins on conviendra comme nous venons de le dire, que dans la pratique les Vaiſſeaux ne ſe tiennent pas long-temps ſur une ligne, quand ils ne courent pas ſur la même ligne, & qu'ils ſont comme l'on dit *en échiquier*. 2. L'Armée qui eſt ſous-le vent ne pourroit pas élonger l'ennemi qui eſt au-vent, ſi elle ne ſe rangeoit comme **Figur. 2.** lui ſur la ligne du plus-prés. 3. Si l'Armée G H qui eſt ſous-le vent ſe tenoit ſur la perpendiculaire du vent, tandis que l'Armée C F eſt rangée ſur la ligne du plus-prés ; celle-ci pourroit impunément donner ſur la queuë G de l'Armée G H, ou la mettre entre deux feux : & quand même elle ſeroit moins nombreuſe, elle n'auroit pas lieu de craindre, pouvant faire la même route que l'ennemi ſans être doublée, ni coupée, ni élongée, qu'autant qu'elle voudroit.

V.

Pl. 19
C
A
D
B
I
F
E
H
I III
G

64
Pl. 20
A
B
C
E
F
G
F. IIII.
4
H

V.

Les Armées doivent aussi courir au plus-prés sur quoi elles sont Planc. 20.
Route qu'on
doit tenir. rangées. 1. Afin que chaque Vaisseau présente mieux le côté à l'ennemi : car si les Vaisseaux des Armées A B , C D qui sont rangées sur la ligne du plus-prés bas-bord, couroient au plus-prés stribord, ou sur la perpendiculaire du vent, ils ne se présenteroient pas bien le côté. 2. Si les Vaisseaux ne portoient pas au plus-prés sur quoi ils sont rangez , ils seroient aussi en échiquier , & se tiendroient plus difficilement dans la ligne du plus-prés. 3. L'Armée qui est au-vent se priveroit d'un tres-grand avantage qui consiste en ce qu'elle peut approcher l'ennemi, sans que l'ennemi puisse mutuellement l'approcher : car si les Vaisseaux A B ne tenoient pas le vent, les Vaisseaux C D n'auroient qu'à le tenir pour s'en approcher.

Remarque.

Ces trois raisons déterminent absolument la route des Armées : car les deux premieres montrent que l'Armée ne doit pas même courir au plus-prés sur quoi elle n'est pas rangée : & la troisiéme montre que l'Armée A B qui est rangée sur le plus-prés bas-bord ne doit pas courir largue de quatre rumbs stribord, ce que les deux premieres raisons ne prouvoient pas.

V I.

Les Vaisseaux doivent être à un cable les uns des autres, ou à cent *Distance des Vaisseaux.* toises. Surquoi il faut considerer qu'une Armée doit être autant serrée qu'il se peut : car si l'Armée G H est moins serrée que l'Armée F E, chaque Vaisseau de l'Armée G H essuiera le feu de deux Vaisseaux de l'Armée E F. Il ne faut pas neanmoins que les Vaisseaux soient si fort serrez , qu'ils soient en danger de s'aborder, lorsqu'un Vaisseau venant à être démâté tomberoit sur son voisin ; c'est pourquoi on demande environ cent toises de distance.

Remarque.

On voit en passant que la grosseur des Vaisseaux contribuë beaucoup plus à la force de l'Armée que le nombre , pour deux raisons. 1. Un gros Vaisseau a plus de canons, & de plus gros canons : ainsi une Armée qui a des Vaisseaux plus gros vaut une Armée plus serrée, parce qu'elle bat l'ennemi avec une plus nombreuse & une plus grosse artillerie dans un espace égal.

F   iiiij   2. Les

2. Les gros Vaiffeaux font plus forts de bois , & par conféquent ils réfiftent plus aisément au canon ; ce qui fait encore qu'une Armée qui a de plus gros Vaiffeaux, vaut une Armée plus ferrée , parceque chacun de fes Vaiffeaux n'eft battu que par un petit nombre de piéces qui puiffent l'incommoder.

§. VII.

Premier Ordre de marche.

planc. 21.

Quand on prévoit la ligne du plus-prés fur laquelle on fera obligé de fe battre , on n'attend pas d'être en préfence des ennemis pour s'y ranger : mais aprés avoir mis l'Armée fur cette ligne , on fait la route qui convient ; ainfi quand le pofte des ennemis , ou le lieu du combat , ou quelques autres circonftances auront fait juger au Gé-

figur. 2. néral de l'Armée A B , qu'il faudra fe battre fur la ligne du plus-prés ftribord , il rangera fon Armée fur cette ligne , & enfuite il fera la route qui conviendra , courant vent-arriere , & largue de même bord comme A B , I L , ou vent-arriere , & largue de l'autre bord comme G H , C D , ou au plus-prés bas-bord comme E F.

Remarque.

On doit rarement s'en fervir.

On ne doit gueres ranger l'Armée en cet Ordre que quand on eft à la vûë & fort prés de l'ennemi : car cet Ordre eft défectueux pour plufieurs raifons. 1. L'Armée en cet Ordre eft trop étenduë , ce qui rend la communication des Commandemens fort mal-aisée ; outre que l'Armée peut aisément fe divifer par la diverfité des vents, des courants , des parages &c. fur tout quand on eft peu éloigné des terres.

2. L'Armée ne courant pas fur la ligne fur quoi elle eft rangée, fe maintiendra difficilement en ligne , & fe trouvera bien-tôt en défordre. Auffi voions-nous dans la pratique , qu'on ne fe fert gueres de cet Ordre , lors même qu'on n'eft pas fort éloigné de l'ennemi.

§. VIII.

21.
A
B D
C
B
E
L
G
F
H

70
P. 22.
A
B
C
D
E
F
G
H
G
2
M. Ozier fecit Lugd. a B.R.

§. VIII.

Le second Ordre de marche.

Quand le Général ne peut pas sçavoir de quel bord il sera obli- *Planc. 22.*
gé de combattre : il peut ranger son Armée sur la perpendiculaire du vent ; parceque cette ligne est peu éloignée de l'une & de
l'autre ligne du plus-prés, & par conséquent il est aisé de passer de
cette perpendiculaire du vent à l'une ou à l'autre ligne du plus-prés.
Ainsi quand le Général de l'Armée A B ne pourra pas sçavoir de quel
bord il sera obligé de combattre, il rangera son Armée sur la perpendiculaire A B du vent, & son Armée ainsi rangée pourra courir sur
la même ligne stribord comme A H, ou bas-bord comme G H, ou *Figure 2.*
plus & moins largue comme C D, E F.

Remarque 1.

Cet Ordre a les mêmes defauts que le précédent, & il en a outre *Il n'est pas*
cela de particuliers. 1. Il faut encore un mouvement assez considéra- *meilleur que le précé-*
ble pour faire passer l'Armée de cet Ordre à l'Ordre de bataille, *dent.*
comme nous verrons plus bas. 2. On ne peut pas revirer par la contre-marche quand on est rangé sur la perpendiculaire du vent, ce
qui est un defaut si considérable, qu'il suffit pour éloigner entierement
cet Ordre de la pratique.

Remarque 2.

Il est des gens fort habiles, qui se font persuadé qu'on devoit dans le *S'il peut*
combat ranger les Armées sur la perpendiculaire du vent. 1. Afin que *servir pour le combat.*
les Vaisseaux puissent plus aisément maneuvrer, & se tenir dans leur
poste, pouvant arriver, & venir au-vent plus que le reste de l'Armée. Car disent-ils si un Vaisseau de l'Armée rangée au plus-prés
tombe sous-le vent, il lui est impossible de regagner son poste. 2.
Afin que l'Armée puisse courir à droit & à gauche sans se mettre en
échiquier, & sans tomber beaucoup sous-le vent. 3. Une Armée
ainsi rangée auroit un grand avantage sur la tête de celle qui seroit
rangée au plus-prés, pouvant la doubler & la traverser sans peine.

Je ne pense pas pourtant qu'on s'avise jamais de combattre sur la
perpendiculaire du vent, tant à cause des raisons dont nous avons ap-
puié l'Ordre de bataille que nous avons établi, qu'à cause de celles
qui nous font en particulier rejetter l'Ordre dont il s'agit à présent.

                    I.

I.

Planc. 23.
Il ne peut pas servir.
Pour répondre aux raisons qui semblent prouver la nécessité de cet Ordre : je dis , 1. Que les Armées sont rangées au plus-prés, mais qu'elles portent plein, c'est-à-dire quasi un rumb moins prés que les Vaisseaux ordinaires, qui en pinçant le vent portent à cinq rumbs & demi du vent : ainsi quand un Vaisseau tombe un peu sous-le vent, il faut qu'il pince tout-à-fait le vent pour se remettre dans son poste. 2. Je conviens que c'est un avantage de pouvoir se manier ainsi qu'on fait sur la perpendiculaire du vent : mais je prétens qu'il n'est pas assez considérable pour nous obliger à quitter les précédens. 3. Pour ce qui est de couper, & de traverser la tête de l'Armée ennemie , qui seroit rangée au plus-prés ; il faudroit pour cela que l'Armée ennemie ne pût pas se ranger & courir de même , quand son Général le trouveroit à propos. Mais quelle peine aura la tête de l'Armée ennemie d'arriver de deux rumbs , pour s'empêcher d'être doublée ou traversée, s'il est nécessaire ? Nous verrons plus clairement tout cela dans la cinquiéme partie.

I I.

Si les Armées A B , C D qui se battent, sont rangées sur la perpendiculaire du vent , & que le Vaisseau F de l'Armée A B soit desemparé, il aura de la peine à ne pas tomber dans l'Armée ennemie : car étant desemparé il lui sera impossible de tenir le vent , & par conséquent il ne pourra pas se tenir sur la ligne A B ; il tombera donc vers la ligne C D, ou vers les ennemis. Il ne faut pas douter que ce ne soit ici la principale raison , qui a obligé les Généraux des Armées Navales de se ranger sur la ligne du plus-prés, quand ils étoient au vent.

I I I.

Figur. 2.
Si l'Armée G H est rangée sur la perpendiculaire du vent G H , elle ne pourra pas revirer par la contre-marche : car si le Vaisseau G reviroit, & que le reste de l'Armée continuât sa route pour se mettre dans ses eaux, le Vaisseau G ne pourroit pas s'empêcher d'être abordé par celui qui le suit.

§. IX.

A
B
C
D
F
G
H
I

C
A
B
B
A
A
B
C
G iiij

§. IX.

Le troifiéme Ordre de marche.

CEux qui rejettent l'Ordre précédent en propofent un autre, Planc. 24. pour fervir quand on ne fçait pas dequel bord on fera obligé de combattre. On range l'Armée fur l'angle obtus B A C, de forte que le Général eft fous-le vent au fommet A de l'angle, & qu'une partie A B de l'Armée eft rangée fur la ligne du plus-prés bas bord, & l'autre fur la ligne du plus-prés ftribord, fçavoir A C. L'Armée en cet Ordre peut courir vent-arriere, & vent-largue, ou au plus-prés comme l'on voit dans les trois Armées B A C, dont la premiere Figur. 2. court vent-arriere, les deux autres courent l'une au plus-prés ftribord, l'autre au plus-prés bas-bord.

Remarque 1.

On trouve plufieurs avantages dans cet Ordre. 1. La moitié de Avantages de cet Or-dre. l'Armée n'a qu'à venir au-vent, pour être en bataille de quelque bord qu'on veüille fe battre, & le refte fuit dans fes eaux fi aifément, qu'on peut agir comme fi toute l'Armée fe trouvoit tout d'un coup en bataille : nous le verrons mieux plus bas. 2. L'Armée eft un peu plus ferrée, & moins en danger de fe féparer ; car les deux parties fe voient beaucoup plus aifément que fi elles faifoient une ligne droite. 3. Le Général fe trouve fort à portée de donner fes Ordres. 4. Les Brûlots & les Bâtimens de charge font plus en fûreté, étant comme dans une demi-lune.

Remarque 2.

Je conviens pourtant que cet Ordre a fes defauts. 1. Il me paroit Defauts. encore donner trop d'étenduë à l'Armée. 2. Il eft mal-aifé à tenir, parceque les Vaiffeaux ne peuvent jamais aller tous de file fur la ligne fur quoi ils font rangez, & il faut que du moins la moitié foit en échiquier. 3. Quand le changement du vent vient à troubler cet Ordre, il ne paroit pas fi facile de le rétablir : nous ne laifferons pas de donner une voye affez aifée pour en venir à bout.

§. X.

Le quatriéme Ordre de marche.

Planc. 25.   POur réünir davantage l'Armée, on la divife en fix Colomnes. Le Général A eft au milieu fous-le vent des deux Colomnes EF, GH qui compofent fon Efcadre. Les deux autres Commandans font auffi fous-le vent chacun à la tefte des deux Colomnes qui compofent leur Efcadre : mais le Commandant B qui eft à ftribord du Général, eft à fon égard dans la ligne BA du plus-prés ftribord, & le Commandant C dans la ligne AC du plus-prés bas-bord. De plus afin que cet Ordre puiffe facilement fe reduire au précédent, la diftance BA doit être affez grande pour contenir le tiers de l'Armée ; dites la même chofe de la diftance AC. Ces deux diftances fe déterminent fans peine par les angles BAF, BFA & CAH, CHA, ou par les rumbs aufquels le Commandant B doit tenir les Vaiffeaux A, F, & le Commandant C les Vaiffeaux A, H.

Remarque 1.

Figur. 2.   L'Armée rangée ainfi comme en trois Efcadrons peut faire toutes
Avantage   les routes qui feront néceffaires ; mais cet Ordre convient plus à une
de cet Or-   Armée qui fait vent-arriere dans un parage fort éloigné des ennemis :
dre.

Defaut.   car elle ne fe peut pas mettre en Ordre de bataille, fans emploier beaucoup de temps.

Exemple.

Combat du   Il y a quelque apparence que l'Amiral Tromp avoit rangé fon Ar-
Texel 1653.   mée en cet Ordre, quand il fortit du Texel pour aller vent-arriere chercher les Anglois l'an 1653. quelques jours avant la fameufe bataille du Texel, qui eft fans doute la plus cruelle qui fe foit jamais donnée. Un Gentil-homme François qui s'étoit embarqué dans une Courvette, pour être témoin de la bataille, la raconte à peu prés en cette maniere. Le 7. Aouft je découvris l'Armée de l'Amiral Tromp compofée de plus de cent Vaiffeaux de guerre. Elle étoit rangée en trois Efcadrons, & elle faifoit vent-arriere pour aller tomber fur les Anglois, qu'elle rencontra le même jour à peu prés en pareil nombre, rangez fur une ligne qui tenoit plus de quatre lieuës Nord-Nord-Eft, & Sud-Sud-Oueft, le vent étant Nord-Oueft. Le 8. & le 9. fe paffé-rent en des efcarmouches, mais le 10. on en vint à une bataille dé-cifive. Les Anglois avoient effaié de gagner le vent : mais l'Amiral Tromp en aiant toûjours confervé l'avantage, & s'étant rangé fur une ligne parallele à celle des Anglois, arriva fur eux, & commença le

combat

Pl. 25
F
H
B
E
A
G
C
B
A
G IIIII
3

Pl. 26
82
C
A
B
C
A
B
H

combat avec tant de furie, qu'on vit bien-tôt plusieurs Vaisseaux démâtez, d'autres coulez bas, d'autres brûlez. Les deux Armées furent ensuite enveloppées d'une fumée si épaisse, qu'on ne pouvoit plus juger de la fureur du combat, que par l'horrible bruit, des canons dont tout l'air rétentissoit, & par des montagnes de feu qu'on voioit de de temps en temps sortir du milieu de la fumée, avec un fracas qui marquoit assez que des Vaisseaux entiers sautoient en l'air. En effet plusieurs Vaisseaux sautérent, & on dit en particulier que l'Amiral Tromp aiant apperçû trois Vaisseaux Anglois qui s'étoient abordez, envoia sur eux un Brûlot si à propos qu'ils prirent feu tous trois en même temps, & sautérent en l'air avec un bruit capable de jetter l'épouvante dans le cœur des plus intrépides. Les Anglois soûtenoient cependant avec une valeur incroiable tous les efforts des Holandois, & on les voioit périr plûtôt que plier : ce qui chagrina l'Amiral Tromp, & le fit résoudre d'aborder l'Amiral Anglois, & déja les deux Vaisseaux s'alloient accrocher, lorsque l'Amiral Tromp fut tué d'un coup de mousquet. Ce *Tromp est tué.* malheur fit perdre courage aux Holandois qui commencérent de tenir le vent, & de ne plus se battre qu'en retraite. Le combat ne fut plus si ardent & la fumée s'étant dissipée, on vit les deux Armées dans un état qui marquoit l'horrible acharnement de l'action. Toute la mer paroissoit couverte de corps morts, de débris, de carcasses de Vaisseaux qui fumoient, ou qui brûloient encore. On ne voioit presque dans les restes des deux Armées que des Vaisseaux démâtez, & des voiles criblées de coups de canon. Il y périt prés de trente Vaisseaux tant d'un côté que de l'autre, & les Anglois aiant poursuivi les ennemis jusques au Texel, eurent l'honneur de la victoire qui leur coûta aussi cher qu'aux Vaincus.

Remarque 2.

Quand on est fort éloigné des ennemis, on peut mettre l'Armée *Planc. 26.* en six Colomnes, de maniere que les trois Commandans A, B, C *Autre maniere.* soient sur la perpendiculaire du vent, & moins éloignez les uns des autres. Je ne pense pas qu'on doive jamais mettre l'Armée sur neuf Colomnes, de peur d'y mettre la confusion. Je sçai que ce seroit un *Figur. 2.* avantage aux Commandans C, A, B d'être à la tête de leurs trois divisions rangées sur trois Colomnes : mais l'avantage est trop peu considérable, pour obliger le Général à prendre ce parti.

§. XI.

Cinquiéme Ordre de marche.

Planc. 27. Voici l'Ordre de marche le plus propre d'une Armée Navale, & celui qui eſt auſſi le plus en uſage. Il conſiſte à mettre l'Armée ſur les trois Colomnes A B, C D, E F, de telle ſorte que les lignes A B, C D, E F ſoient paralleles à une des lignes du plus-prés, que les lignes A D, C F faſſent la perpendiculaire du vent, & que les lignes A C E, B D F ſoient perpendiculaires ſur A B. Ces trois conditions déterminent le rumb & la diſtance des Colomnes, & le poſte de chaque Vaiſſeau.

Remarque 1.

Figur. 2. Pour avoir exactement la diſtance des Colomnes. Faiſons A G égale à A B, & tirons B C ſur laquelle aiant pris B H égale à A B, nous trouverons H G égale à la diſtance des Colomnes A C. Suppoſons que A B eſt la Colomne du vent.

Démonſtr. Puiſque la tête C & la queuë B ſont également au-vent, B C eſt perpendiculaire ſur le lit du vent : donc l'angle C B A eſt de deux rumbs, ou de vingt-deux dégrez 30 : donc il eſt la moitié de l'angle A B G : donc les triangles A B C, H B C ſont égaux, & la ligne A C égale à C H ou H G. Ce qu'il &c.

Corollaire 1.

Toutes les fois que l'angle C G H ſera de quatre rumbs, & que l'angle H ſera droit ; ſi on prend C H pour la diſtance des Colomnes, les lignes C G H feront la longueur de chaque Colomne ; & ſi on prend C G H pour la longueur de chaque Colomne, C H ſera la diſtance des Colomnes.

Corollaire 2.

Si on prend deux fois le quarré du nombre des Vaiſſeaux qui ſont en chaque Colomne, qu'on en faſſe une ſomme dont on tire la racine quarrée : & qu'on retranche de cette racine le nombre des Vaiſſeaux de chaque Colomne, le reſte ſera la diſtance des Colomnes. C'eſt ſur ce pied que nous avons fait la table ſuivante, en ſuppoſant deux cens-quarante toiſes pour la diſtance des Vaiſſeaux.

	5 472	*Toiſes.*
	10 944	
	15 1416	
Nombre des Vaiſſeaux	20 1888	*Eloignement*
dans chaque Colomne.	25 2360	*des*
	30 2832	*Colomnes.*
	35 3304	
	40 3776	

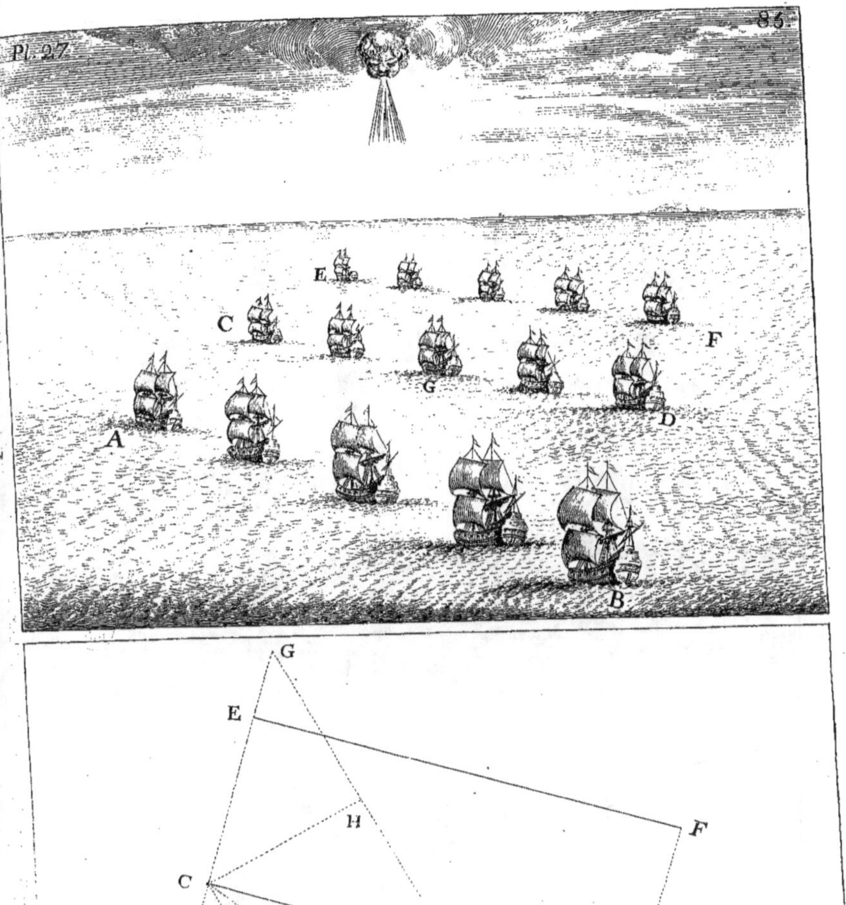
A
C
E
G
F
D
B

G
E
H
C
F
A
D
I
B
H. III

88
Pl. 28
A
B
C
D
E
F
G
H
B
H

Remarque   2.

Cet Ordre de marche n'a nul des defauts que nous avons remar- Planc.28. qué dans les autres : car il referre l'Armée autant qu'il fe peut , & il la met en état de faire promptement , & aifément tous les mouvemens qui font néceffaires. On obferve fur tout la diftance des Colomnes, afin qu'en revirant par la contre-marche elles ne fe coupent point , & pour cela il fuffit que la queuë D de la Colomne qui eft au-vent, foit autant au-vent que la tête A de la Colomne qui eft fous-le vent. Mais parce qu'il arrive fouvent que la queuë des Colomnes eft trop de l'arriere , on donneroit une trop grande diftance aux Colomnes, fi on fe régloit fur les queuës : c'eft pourquoi on fe régle fur quelque Vaiffeau du milieu de la Colomne qui eft au-vent , fur lequel la téte de la Colomne qui eft fous-le vent, doit pouvoir revirer, afin que les Colomnes foient à la diftance requife. Par exemple, afin que la Colomne A B foit à la diftance requife de la Colomne C D , il faut que la tête A puiffe revirer fur le Vaiffeau G de la Colomne C D : & ainfi des autres conformément à la table fuivante.

	3 . . . . 2ᶜ.	
	5 . . . . 3ᶜ.	
	10 . . . . 5ᶜ.	
	15 . . . . 7ᶜ.	*Vaiffeau de la Colomne du vent.*
Nombre des Vaiffeaux de chaque Colomne.	20 . . . . 9ᶜ.	*fur lequel la tête de la Colomne fous-le vent doit revirer.*
	25 . . . . 11ᶜ.	
	30 . . . . . . 13ᶜ.	
	35 . . . . . - 15ᶜ.	
	40 . . . . . . 17ᶜ.	

Remarque   3.

Les routes les plus naturelles de cet Ordre font d'aller au plus-prés de même bord , ou du bord oppofé , & d'aller largue de quatre rumbs du bord oppofé comme l'Armée H. On peut neanmoins faire toutes les autres routes, & même courir vent-arriere comme l'Armée B.

§. XII.

Ordre de retraite.

Planc. 29.

QUand une Armée est obligée de faire retraite à la vûë de l'ennemi : on la range sur l'angle obtus B A C. Le Général A est au
milieu & au-vent, la partie A B de l'Armée qui est à la gauche du
Général est rangée sur la ligne du plus-prés stribord, & la partie A C
sur la ligne du plus-prés bas-bord. Les Brûlots, & les Bâtimens de
charge sont au milieu.

Remarque 1.

Cette maniere de ranger l'Armée dans la retraite me paroit tres-
bonne, parceque les ennemis ne peuvent pas s'approcher des fuiards,

Figur. 2.

sans se mettre sous le feu des Vaisseaux qui sont plus au-vent. Ainsi
les Vaisseaux ennemis D ne pourront pas s'approcher des Vaisseaux E,
sans se mettre sous le feu du Général A, & de ses Matelots. Si on apprehendoit que l'Armée en cet Ordre ne fût trop étenduë, on pourroit
un peu replier ses deux Aîles & lui donner la figure d'une demi-lune,
au milieu de laquelle un convoi pourroit être en sûreté.

Exemple.

Combat
de Portland
1653.

Cet Ordre fut pratiqué par l'Amiral Tromp dans le combat de
Portland l'an 1653. Les Anglois avoient soixante & dix Vaisseaux de
guerre sous le commandement de l'Amiral Black, & les Holandois en
avoient autant, & ils escortoient deux cens Marchands richement
chargez. Les deux Armées se rencontrérent à la vûë de Portland, &
les Anglois firent tous leurs efforts pour engager le combat. Les Holandois étoient au-vent, & ils sembloient devoir éviter le combat où
ils risqueroient leur convoi : neanmoins l'Amiral Tromp considérant
que si le vent venoit à changer, il seroit obligé de combattre avec moins
d'avantage, résolut d'arriver sur l'ennemi aprés avoir mis son convoi
au-vent. Il divisa donc son Armée en trois Escadres, & fondit sur les
Anglois avec beaucoup de résolution ; ceux-ci le reçûrent avec toute la
vigueur possible, & le combat fut tres-sanglant, plusieurs Vaisseaux
furent desemparez, ou coulez-bas, ou brûlez, & rien ne pût séparer
deux ennemis si acharnez que l'obscurité de la nuit, durant laquelle on
se prépara à renouveller le combat qui étoit demeuré indécis. Mais les
Anglois reçûrent un renfort de seize Vaisseaux de guerre, & le vent
aiant changé leur donna tout l'avantage qu'ils pouvoient desirer. L'A-
miral Tromp se trouva fort intrigué, & aprés plusieurs délibérations
il prit le parti de la retraite. Il rangea son Armée en demi-lune & il

mit

A
B
C
E
F
G

mit son convoi au milieu : c'est-à-dire que son Vaisseau faisoit au-vent
l'angle obtus de la demi-lune, & les autres s'étendoient de part &
d'autre sur les deux lignes du plus-prés, pour former les faces de la demi-lune qui couvroient le convoi.　Ce fut en cet ordre qu'il fit vent-
arriere, foudroiant à droite & à gauche tous les Anglois qui s'appro-
choient pour insulter ses Aîles : & il auroit entierement sauvé son convoi, si quelques-uns des siens n'eussent lâchement abandonné leurs postes. Les Frégates Angloises aiant donné dans les brêches que ces lâ-
ches déserteurs avoient fait dans une des faces de la demi-lune flotante,
enlevérent quelques Marchands ; ce qui obligea l'Amiral Tromp de
se remettre en bataille, & il combattit encore jusques à la nuit qui lui
donna le temps de se remettre en Ordre de retraite. Il fut de même
poursuivi le lendemain par les Anglois ; mais aprés avoir essuié quelques volées de canon, il entra dans ses Ports avec la gloire d'avoir par
sa valeur, & par son habileté conservé à sa Patrie un riche convoi qui
alloit devenir la proie des ennemis.

Remarque　2.

La route la plus naturelle de cet Ordre est de faire vent-arriere : Planc. 30.
Les routes
de cet Or-
dre.
mais s'il étoit nécessaire, on pourroit encore courir vent-largue de l'un
ou de l'autre bord, comme l'Armée B A C qui court largue de quatre
rumbs stribord : & même on pourroit courir au plus-prés, comme
l'Armée E F G qui court au plus-prés stribord.

Remarque　3.

Quand on poursuit une Armée qui fait retraite, on commence par *Si on pour-*
suit.
détacher les meilleurs voiliers pour la suivre, & enlever les Vaisseaux
ennemis qui restent de l'arriere, ou pour engager le combat avec les
fuiards.　Le reste de l'Armée victorieuse doit à peu prés se ranger dans
le même Ordre que l'ennemi, afin de se pouvoir mettre en bataille,
s'il étoit nécessaire. Cela s'entend lorsque l'Armée qu'on poursuit, n'est
pas si inférieure à celle qui la poursuit, qu'elle ne puisse bien encore
hazarder le combat ; car si l'Armée qui suit n'avoit nulle proportion
avec l'Armée victorieuse, il faudroit que la victorieuse fondît sur elle
sans ordre, à peu prés comme une Armée de terre donne dans un
Camp ennemi qu'elle a forcé : parceque si l'Armée victorieuse s'a-
musoit à se ranger, elle donneroit lieu à l'ennemi d'échaper.

§. XIII.

L'Ordre d'une Armée qui garde un Paſſage.

Planc. 31. POur garder efficacement un paſſage, il faut avoir une Armée qui ſoit preſque double de celle qu'on veut empêcher de paſſer. Alors on la diviſera en deux parties, qui croiſeront l'une d'un côté du paſſage, & l'autre de l'autre. Ainſi pour garder le détroit A E par où l'on veut empêcher que l'Armée C D ne paſſe, on fera croiſer l'Eſcadre A B du côté A du détroit, & l'Eſcadre E F de l'autre. Puis quand l'ennemi C D ſe préſentera au paſſage, l'Eſcadre E F qui ſe trouvera au-vent, fondra vent-arriere ſur lui, tandis que l'Eſcadre A B tiendra le vent pour le couper. De cette maniere il ſera impoſſible à l'Eſcadre C D d'échapper, quelque maneuvre qu'elle faſſe.

Remarque.

Si on ne prend pas ces précautions, & que l'Armée qui garde le paſſage ſe trouve être ſous-le vent comme A B, l'Armée C D en tenant un peu auſſi le vent, pourra ranger le côté E du détroit & échapper. Si l'Armée qui garde le paſſage ſe trouve au-vent comme E F, l'Armée C D larguera un peu plus pour ranger le côté A du détroit, & mille accidens aſſez ordinaires à la mer lui pourront donner lieu d'amuſer l'ennemi juſques à ce que la nuit ſurvienne.

Exemple.

Paſſage du Détroit. 1690. Les Alliez pouvoient prendre ces précautions l'an 1690. quand ils voulurent garder le Détroit de Gilbratar, & empêcher que le Comte de Chateaurenaud Lieutenant Général ne le paſſât pour aller joindre l'Armée de Breſt. Le Comte de Chateaurenaud n'avoit que trois gros Vaiſſeaux de guerre, & deux médiocres, & les Alliez en avoient plus de vingt, & il leur étoit aiſé d'occuper l'un & l'autre côté du Détroit, avec une Eſcadre beaucoup plus forte que celle de l'ennemi. Ils aimérent mieux ſe tenir au-vent du Détroit, pour tomber plus aiſément ſur le Comte de Chateaurenaud quand il paſſeroit. Ce Comte s'étant préſenté quelques heures avant la nuit au Détroit, avec un petit vent de Sud-Eſt, découvrit les Alliez du côté de la Barbarie. La valeur qui lui eſt naturelle, lui fit mépriſer un danger qui paroiſſoit inévitable; il met ſes gens en bon ordre, & s'avance avec un air qui fait croire aux ennemis qu'il veut conſerver l'avantage du vent : mais la nuit étant ſurvenuë, il donne dans le Détroit, le vent, la marée, tout le favoriſe. Les ennemis veulent le pourſuivre, mais les courants leur ſont contraires, il leur échappe, ils le perdent bien-tôt de vûë : ſans

qu'ils

Pl.33
92
A
B
C
D
E
F

Buchet fecit.

qu'ils puissent eux-mêmes comprendre comment ils l'ont laissé passer.

§. XIV.

L'Ordre d'une Armée qui force un Passage.

I.

QUelques-uns veulent qu'on mette l'Armée qui passe un détroit, Planc. 32. sur deux Colomnes, les moindres Vaisseaux de guerre à la tête & les plus gros à la queuë, & que les Brulots & les Bâtimens de charge soient entre les deux lignes. Je trouve neanmoins quelque difficulté dans cet Ordre, parceque si les deux Colomnes sont fort éloignées, elles pourront être séparées par quelque accident, ou coupées : si elles sont peu éloignées, elles seront doublées, c'est à dire que l'ennemi les attaquant de part & d'autre, les mettra l'une & l'autre entre deux feux.

II.

J'aimerois donc mieux ranger l'Armée qui force un passage, en Or- Figur. 1. dre de retraite en repliant un peu les Aîles de part & d'autre, pour leur donner moins d'étenduë : de cette maniere l'Armée ne pourroit être attaquée de nulle part sans y avoir dequoi se défendre.

Exemple.

Le point essentiel d'un Général qui veut forcer un passage, est de *Jonction de* sçavoir profiter des vents qui peuvent favoriser son dessein, comme fit *l'Escadre du Levant avec* le Comte de Tourville à présent Maréchal de France l'an 1689. Le *celle du Ponant.* Roi l'avoit nommé pour commander son Armée Navale contre les Alliez ; mais il falloit faire la jonction de nos Vaisseaux de Provence, avec ceux du Ponant ; & la chose n'étoit pas aisée, parceque les Alliez pouvoient venir croiser avec toutes leurs forces à l'entrée de Brest où la jonction devoit se faire. En effet le Comte de Tourville aiant armé vingt Vaisseaux de guerre à Toulon, & les aiant conduit à la hauteur d'Oüessan, apprit que les Alliez étoient à l'entrée de l'Iroise avec environ soixante & dix Vaisseaux de ligne, & qu'ils tenoient bloquez quarante de nos Vaisseaux dans la rade de Brest. Les conjonctures étoient fâcheuses, parceque l'Escadre du Comte de Tourville étoit trop petite pour risquer un combat, & que d'autre part étant depuis deux mois à la mer, elle manquoit de beaucoup de choses né- cessaires : ainsi on ne pouvoit pas penser à repasser en Provence, ou- tre que c'étoit faire échoüer les desseins du Roi, & mettre nos Po- nantois en danger d'être insultez à Brest, qui n'étoit pas encore hors d'insulte comme il est à présent. Le Comte de Tourville s'étoit atten- du à la maneuvre des ennemis, & il avoit déja pris son parti. Il sça-

I iiiij   voit

voit que le vent de Sud-Oüeſt regne fort dans ce parage, & il étoit ré-
ſolu de l'attendre, ſçachant bien que d'un vent du Sud-Oüeſt forcé les
Alliez ne pourroient pas tenir ſur Oüeſſan, & qu'ils ſeroient obligez
de donner dans la Manche, en même temps que nous donnerions dans
l'Iroiſe. Nous demeurâmes ſix jours à attendre le vent de Sud-Oüeſt,
environ trente lieuës au-large d'Oüeſſan, où nôtre Général avoit pris
toutes les précautions néceſſaires, en cas que les ennemis nous y vinſ-
ſent chercher. Ce fut le 29. de Juillet qu'un vent de Sud-Oüeſt forcé
nous fit prendre la route de Breſt, & nous fit eſperer de finir une na-
vigation qui commençoit de nous beaucoup fatiguer. On détacha
deux Frégates pour forcer de voiles, & tâcher de reconnoître la terre,
afin de prendre des meſures plus juſtes. Sur le midi nous crûmes être
à douze lieuës à l'Oüeſt d'Oüeſſan ; mais comme nous n'avions pas
vû la terre depuis long-temps, il y avoit quelque danger que nous
n'en fuſſions plus-prés, & qu'à travers une brume fort épaiſſe nous
n'allaſſions donner ſur quelques rochers. C'eſt pourquoi le Comte de
Tourville qui ne vouloit rien précipiter, fit mettre côté-en-travers à
toute l'Eſcadre, en attendant le retour des deux Frégates. Ces ſages

Sages pré-
cautions.

précautions ne furent pas du goût de tout le monde : l'impatience où
on étoit d'entrer à Breſt, l'inconſtance du vent, la crainte de ne re-
couvrer de long-temps une ſi belle occaſion de finir nos maux, tout
cela faiſoit trouver étrange à quelques-uns, qu'on perdît à la cape un
temps ſi prétieux, & je conviens que nous attendions nos Frégates avec beaucoup d'impatience. Elles nous rejoignirent ſur le ſoir, &
nous apprirent qu'elles avoient vû Oüeſſan, & que nous en étions environ à quatorze lieuës à l'Oüeſt. Une ſi heureuſe nouvelle nous remplit
de joie, & donna lieu au Comte de Tourville de prendre ſi bien ſes
meſures, que le lendemain au point du jour nous nous trouvâmes à
l'entrée de l'Iroiſe. Le vent étoit venu au Nord-Oüeſt, & les ennemis qui étoient huit ou dix lieuës au-vent, eurent le déplaiſir de nous
voir entrer à Breſt, où nous fûmes reçûs avec les applaudiſſemens
que méritoit une jonction ſi heureuſe. Les Alliez ne ſe croiant plus
en ſeureté ſur Oüeſſan, allérent paſſer le reſte de la campagne aux
Sorlingues.

TRAITE'

TRAITÉ
DES EVOLUTIONS
NAVALES.

SECONDE PARTIE,

Changer la difposition des Efcadres.

EXPLICATION DU SUJET.

N divife l'Armée Navale en trois Efcadres , comme l'on divife une Armée de terre en trois Corps, dont le premier fait l'Avant-garde, le fecond fait le Corps-de bataille , & le troifiéme fait l'Arriere-garde. Chaque Efcadre a fon Commandant ; le Commandant de la premiere Efcadre fe nomme Amiral , & il porte fon Pavillon au grand mât ; le fecond fe nomme Vice-Amiral , & il porte fon Pavillon au mât de Mizaine ; le troifiéme fe nomme Contre-Amiral, & il porte fon Pavillon au mât d'Artimon. Quand l'Armée eft fort nombreufe , chaque Efcadre a trois Divifions, & alors chaque Efcadre a fon Amiral , fon Vice-Amiral, & fon Contre-Amiral, comme nous verrons plus bas.

Quand une Armée Navale eft rangée en quelque Ordre , des raifons importantes peuvent obliger le Général de changer la difpofition de fes Efcadres, ou de fes Divifions ; c'eft-à-dire qu'il faudra mettre l'Efcadre qui fait l'Avant-garde, à l'Arriere-garde, ou au Corps-de bataille &c. ou il faudra mettre fous-le vent l'Efcadre qui eft au-vent &c. La chofe ne paroîtra pas peut-être de grande conféquence pour la pratique , & je conviens que c'eft ici la partie la moins néceffaire des Evo-

K   lutions:

lutions : elle eſt neanmoins néceſſaire , & un Général ſe trouveroit quelquefois en peine , s'il n'avoit pas des voyes aiſées pour changer la diſpoſition de ſes Eſcadres. C'eſt ce qui m'oblige de traitter ici cette matiére à fond , & de donner des régles pour faire d'une maniere exacte & courte , tous les changemens qu'on voudra dans chaque Ordre , pour la diſpoſition des Eſcadres.

§. I.

Changer la diſpoſition des Eſcadres , quand l'Armée eſt ſur la perpendiculaire du vent.

I.

Mettre l'Eſcadre du milieu à la place d'une des deux autres.

Planc. 33. SOit l'Armée ED ſur la perpendiculaire du vent , & qu'on veüille mettre le Corps-de bataille AB à la place d'une des Aîles CD. L'Eſcadre EF mettra en pane , & l'Eſcadre CD mettra le Cap ſur elle pour la joindre , tandis que l'Eſcadre AB aiant couru vent-arriere la longueur d'un cable, viendra au-vent de huit rumbs bas-bord pour ſe mettre en pane ſur HI , juſques à ce que les deux autres Eſcadres faiſant ſervir , viennent vent-arriere ſe mettre ſur HK.

Remarque.

Autre maniere. On pourroit mettre en pane l'Eſcadre CD , & faire courir l'Eſcadre EF largue de deux rumbs bas-bord pour occuper AB , tandis que l'Eſcadre AB aprés avoir couru vent-arriere la longueur d'un cable, viendroit au-vent de huit rumbs ſtribord pour ſe mettre en pane ſur GE , en attendant que les deux autres Eſcadres ſe viendroient mettre ſur IG.

II.

Mettre le Corps-de bataille à la place d'une Aîle , & mettre l'autre Aîle au Corps-de bataille.

Figur. 2. Si on veut que l'Eſcadre EF faſſe le Corps-de bataille , & que l'Eſcadre CD faſſe l'Aîle de ſtribord. Les Eſcadres BAE courront largue de deux rumbs ſtribord , & l'Eſcadre CD vent-arriere. Puis quand l'Eſcadre CD aura couru la longueur d'un cable , elle viendra au-vent de huit rumbs bas-bord pour occuper GH , tandis que les deux autres Eſcadres aiant occupé AD , y feront vent-arriere pour ſe rendre ſur IG.

Remarque.

Autre maniere. On peut encore renverſer l'Evolution , en faiſant que l'Eſcadre FE

faſſe

Pl. 33
106
I   H   G   K
D   C   B   A   E   F
E
F
A
B
C
D
G
H
K

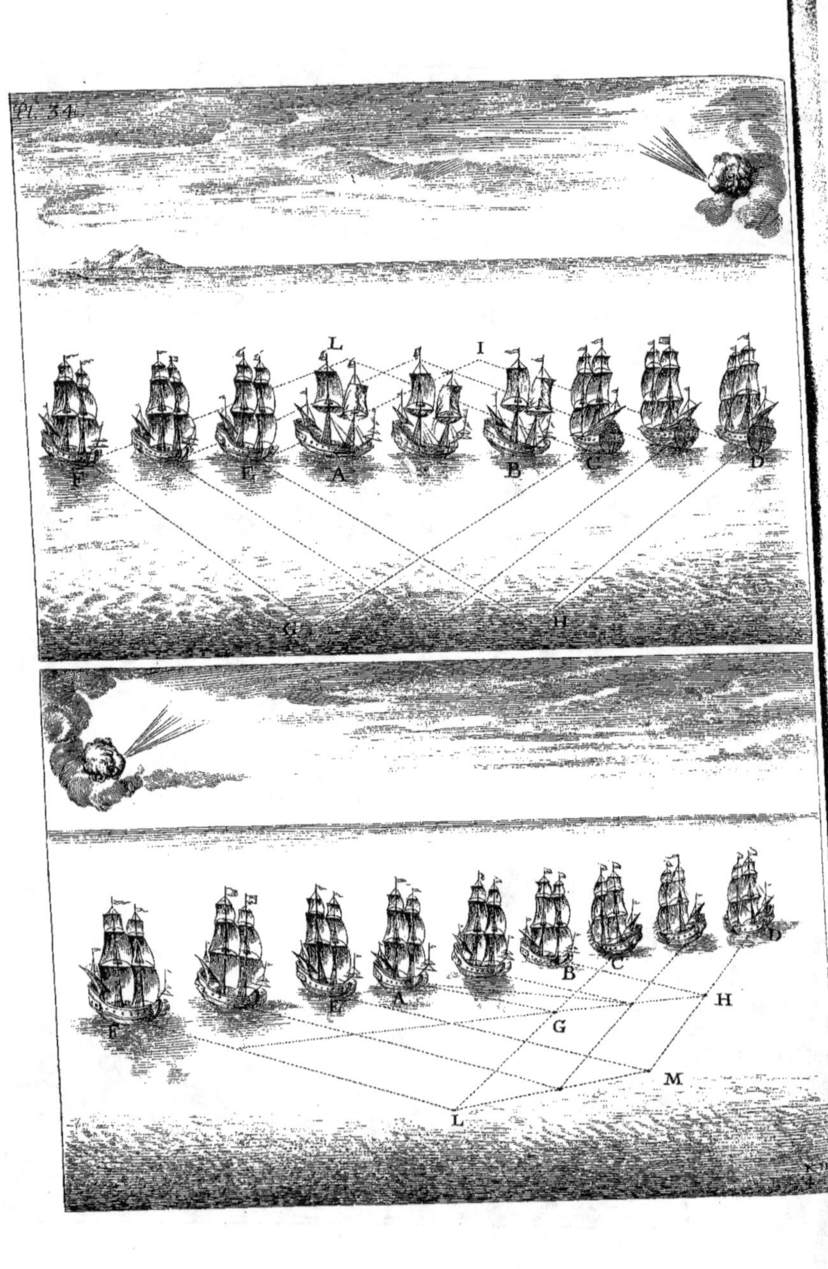

Pl. 34.
L
I
E
F
A
B
C
D
G
H
E
A
B
C
D
G
H
L
M
F

faſſe à contre-ſens les maneuvres que nous avons marqué pour l'Eſcadre CD, & que les Eſcadres AD faſſent auſſi à contre-ſens les maneuvres que nous avons marqué pour les Eſcadres BE.

III.

Mettre les Aîles à la place l'une de l'autre.

Si on veut que l'Eſcadre CD change de place avec l'Eſcadre EF : Planc. 34.
l'Eſcadre AB mettra en pane, & l'Eſcadre EF viendra au plus-prés
ſtribord pour ſe rendre ſur GH, où elle arrivera de ſix rumbs pour occuper CD. Cependant l'Eſcadre CD aura couru largue de quatre rumbs
bas-bord pour occuper IL, d'où elle ſe ſera rendu au plus-prés ſur EF.

Remarque.

On pourra auſſi faire l'Evolution précédente à rebours, ſi l'Eſcadre *Autre ma-*
CD ſe rend ſur HG, & l'Eſcadre EF ſur LI. La raiſon de tout cela *niere.*
vient de ce que l'Armée étant rangée ſur la perpendiculaire du vent,
donne lieu de faire les mêmes maneuvres de l'un ou de l'autre bord.
Au reſte on voit ſans peine que dans les trois Evolutions précédentes,
tout y eſt exactement déterminé par une des trois Eſcadres qui eſt en
pane, ſur qui par conſéquent les autres peuvent ſe régler. Pour la
voilure on peut dire en général, que tous les Vaiſſeaux qui ne ſont pas
en pane doivent forcer de voiles.

§. II.

Changer les Eſcadres dans le premier Ordre de marche.

SOit l'Armée DE rangée ſur la ligne du plus-prés bas-bord
DE.

I.

Changer l'Avant-garde avec l'Arriere-garde.

Si on veut changer l'Eſcadre EF avec l'Eſcadre CD, l'Eſcadre Figur. 24
CD courra au plus-prés bas-bord, & les deux autres au plus-prés ſtribord. Puis quand l'Eſcadre AB aura gagné la ligne GH, elle arrivera dans les eaux de l'Eſcadre CD, & courra enſuite comme elle.
L'Eſcadre EF continuera ſa bordée juſqu'à ce qu'étant ſur la ligne
LM, elle arrivera dans les eaux des deux autres, & achevera l'Evolution.

Remarque 1.

Le temps qu'il faudra employer à ce mouvement, est déterminé par le temps qui est nécessaire au Vaisseau E pour parcourir les lignes E L, L C, & afin que le mouvement se fasse avec plus de vîtesse, il faudra que les Vaisseaux C D forcent de voiles : car quoiqu'il semble que les Vaisseaux C D aient moins de chemin à faire, cependant il ne pourront pas aller si vîte, que les Vaisseaux A B ne puissent les joindre, & plus ceux-là iront vîte, moins ceux-ci auront à courir, avant que d'arriver dans leurs eaux.

Remarque 2.

Je pense qu'il ne faut pas differer de répondre à deux difficultez, qu'on peut faire sur les régles que nous donnons dans cette partie.

Premiere difficulté.

1. Comme les Evolutions que nous donnons en cette partie, ne sont pas absolument nécessaires, il seroit bon de les omettre pour ne pas fatiguer les Officiers, en leur faisant apprendre des choses qui n'étant pas si importantes, empêchent qu'on ne s'applique à de plus importantes : outre que la multitude des régles peut mettre de la confusion dans les esprits.

Réponse.

Je répons qu'on trouvera par expérience que les divers mouvemens de l'Armée s'entr'aident, & que les uns servent de disposition aux autres. On ne sçauroit trop exercer les gens qui veulent apprendre un art ; il leur faut faire pratiquer mille choses inutiles, pour les dégrossir, & leur rendre aisée la pratique des choses nécessaires. Combien de mouvemens inutiles n'apprent-on point aux troupes de terre, pour leur rendre familiers ceux qui sont plus en usage. D'ailleurs on ne prétend pas qu'on s'attache d'abord à tous les mouvemens que nous proposons ; il suffira de prendre au commancement les plus simples & les plus nécessaires, pour passer ensuite aux autres, afin qu'on n'ignore rien dans une matiére si importante.

Seconde difficulté.

2. A quoi servent tant de mouvemens dans une Armée Navale, puisqu'on n'en peut presque point faire en présence de l'ennemi, sans se mettre en danger.

Réponse.

Je conviens qu'il est dangereux de faire des mouvemens un peu composez en présence de l'ennemi, mais c'est parce qu'on n'est pas rompu à les faire, qu'on se trouble aisément. Si on s'étoit exercé dans ces sortes de mouvemens ; bien loin qu'il fût dangereux de les faire en présence de l'ennemi, ils serviroient merveilleusement à le dérouter, & à lui donner le change. Ne voit-on pas tous les jours dans les Armées de terre, qu'un mouvement fait à propos étourdit l'ennemi, & commence le gain d'une bataille ?

II.

G
H
E
F
A
B
C
D
G
H
A
C
D
E
F
B
H
L
2

II.

Mettre à l'Arriere-garde l'Escadre qui faisoit l'Avant-garde, &
mettre au milieu celle qui faisoit l'Arriere-garde.

Si on veut que l'Escadre E F passe à l'Arriere-garde, & que l'Es- Planc. 35.
cadre D C se mette au Corps-de bataille. Les Escadres A B, C D
courront au plus-prés stribord, & l'Escadre E F courra au plus-prés
bas-bord, jusques à ce qu'étant sur G H, elle puisse arriver dans les
eaux des deux autres, & occuper la ligne C D.

Remarque.

Tous les Vaisseaux pourront forcer de voiles, afin que l'Evolution
se fasse plus vîte : car quoiqu'il semble que les Vaisseaux E F aient plus
de chemin à faire que les autres, ils pourront toûjours les joindre en
arrivant plûtôt dans leurs eaux.

III.

Mettre à l'Avant-garde l'Escadre qui faisoit le Corps-de bataille,
& au milieu celle qui faisoit l'Avant-garde.

Si on veut que l'Escadre E F passe au milieu, & que l'Escadre A B Figur. 2.
prenne l'Avant-garde. L'Escadre C D mettra en pane, & l'Escadre
A B courra au plus-prés bas-bord pour se mettre sur E F, tandis que
l'Escadre E F courra au plus-prés stribord, jusques à ce qu'aiant gagné la ligne G H, elle pourra arriver vent-arriere pour se mettre
sur la ligne A B.

Remarque.

L'Escadre A B observera de donner le temps à l'Escadre E F
de passer au-vent : après quoi elles pourront toutes deux forcer
de voiles pour achever plûtôt l'Evolution ; sans craindre de se trop
éloigner de l'Escadre C D, qui pourra faire servir pour les joindre s'il
est nécessaire.

IV.

IV.

Mettre à l'Arriere-garde l'Escadre qui faisoit le Corps-de bataille, & au milieu celle qui faisoit l'Arriere-garde.

Planc. 36.   Si on veut que l'Escadre A B prenne l'Arriere-garde, & que l'Escadre E F fasse le Corps-de bataille. L'Escadre C D courra au plus-prés stribord , & les deux autres courront au plus-prés bas-bord, jusques à ce qu'aiant gagné la ligne GH , elles puissent arriver dans les eaux de l'Escadre CD.

Remarque.

Il faudra que l'Escadre CD donne le temps aux deux autres de lui passer au-vent ; mais ensuite elle forcera de voiles le plus qu'il sera possible , afin que les Escadres BE ne soient pas obligées de courir si long-temps au plus-prés.

V.

Mettre au Corps-de bataille l'Escadre qui faisoit l'Arriere-garde.

Figur. 2.   Si on veut que l'Escadre CD change de place avec l'Escadre A B ; l'Escadre E F mettra en pane , l'Escadre CD courra au plus-prés stribord, & l'Escadre A B au plus-prés bas-bord, jusques à ce que l'Escadre CD ait joint l'Escadre E F, & que l'Escadre A B ait gagné la ligne GH, d'où elle arrivera dans les eaux des deux autres.

Remarque.

L'Evolution se fait plus aisément , quand l'Escadre qui se doit mettre dans les eaux d'une autre , s'y met en arrivant vent-arriere : ainsi il faut observer dans tous les mouvemens précédens , que les Vaisseaux qui doivent se mettre dans les eaux des autres, courent jusques à ce qu'ils y puissent arriver vent-arriere , sans se mettre en peine qu'on y emploie un peu plus de temps.

115
Pl. 36.
G
H
E
F
A
B
C
D
D
C
B
A
H
G

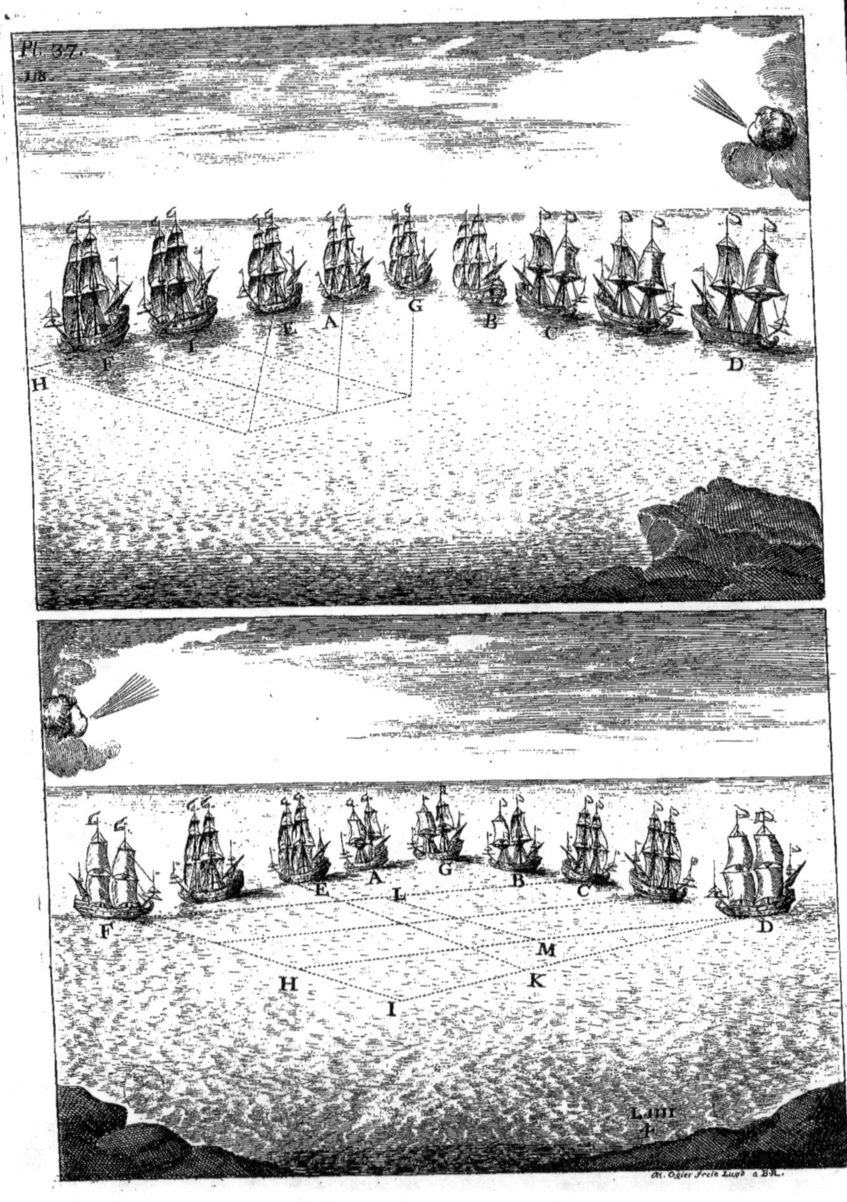
Pl. 37.
118.
H F I E A G B C D
F E A G L B C M D
H I K
Ligne
4
M. Ogier fecit Lugd. a B.R.

§. III.

Changer la disposition des Escadres dans le troisiéme Ordre de marche.

SOit l'Armée DGF rangée sur le troisiéme Ordre de marche.

I.

Faire changer le Corps-de-bataille avec une des deux Aîles.

Si on veut que l'Escadre AGB change de place avec l'Escadre EF. L'Escadre CD mettra en pane, & la partie GF de l'Armée courra au plus-prés bas-bord, jusques à ce que la partie GB se soit toute mis dans ses eaux : alors l'Escadre EF qui sera sur HI, revirera toute en même temps, & courra jusques à ce qu'elle puisse arriver dans les eaux de l'Escadre AB qui aura continué sa bordée. Aprés cela le Vaisseau E qui sera sur G mettra le Cap sur l'Escadre CD pour la joindre, & les autres Vaisseaux qui seront sur GH, se mettront successivement dans ses eaux. Les Escadres AB, EF forceront toûjours de voiles. Planc. 37.

II.

Mettre les Escadres qui font les Aîles, l'une à la place de l'autre.

Si on veut que les Escadres CD, EF changent de place l'une avec l'autre. L'Escadre AGB mettra en pane, & l'Escadre EF aiant reviré au point F par la contre-marche, se mettra sur FH, d'où arrivant toute en même temps de trois rumbs, elle viendra occuper l'espace CD. Cependant l'Escadre CD aiant aussi reviré par la contre-marche au point D, se sera rangé sur KI, d'où arrivant aussi de quatre rumbs elle se rendra sur EF. Figure 2.

Remarque.

Quoique ce mouvement paroisse embarrassé, il ne l'est nullement dans la pratique, parceque l'Escadre qui est en pane, détermine les mouvemens des deux autres ; il faut seulement observer que l'Escadre CD n'arrive que quand l'Escadre EF sera sur la ligne LM, sous-le vent de la ligne EK.

L iiiij   III.

III.

Mettre l'Escadre du milieu à la place d'une Aîle, & mettre l'autre Aîle au milieu.

Planc. 38.   Si on veut que l'Escadre A G B prenne la place de l'Escadre C D, & que l'Escadre E F se mette au milieu. L'Escadre C D revirera par la contre-marche au point D, pour se mettre sur D H, d'où arrivant toute en même temps de trois rumbs, elle viendra occuper l'espace E F. Cependant les deux autres Escadres courront d'abord, comme pour se mettre successivement dans les eaux de l'Escadre C D ; mais quand le milieu de l'Escadre E F sera au point G, les deux Escadres E F, A B se trouvant sur les lignes D G A mettront en pane, pour attendre que l'Escadre C D se soit mis dans son poste.

Remarque.

L'Escadre C D forcera de voiles, pour finir plûtôt l'Evolution dont le temps sera déterminé par celui que le Vaisseau D emploiera à parcourir les lignes D H F.

§. IV.

Changer la disposition des Escadres dans le quatriéme Ordre de marche.

Figur. 2.   SOit l'Armée C, A, B rangée sur le quatriéme Ordre de marche.

I.

Mettre le Corps-de bataille à la place d'une des deux Aîles.

Si on veut que l'Escadre A change de place avec l'Escadre B ; l'Escadre C mettra en pane, & l'Escadre A courra vent-arriere, jusques à ce que l'Escadre B qui courra largue de quatre rumbs bas-bord, se soit mis dans ses eaux : alors l'Escadre A viendra au plus-prés stribord, & les deux autres courront vent-arriere, jusques à ce qu'elles aient amené l'Escadre A au rumb qui convient : & l'Armée se trouvera alors sur F, E, D.

Remarque.

Tout ce mouvement sera fort déterminé, & par conséquent beaucoup plûs aisé dans la pratique qu'il ne paroît. Il faut seulement observer que l'Escadre B doit d'abord faire force de voiles ; mais quand

elle

M. Ogier fecit a Bon-Rencontre a Lyon 1697.

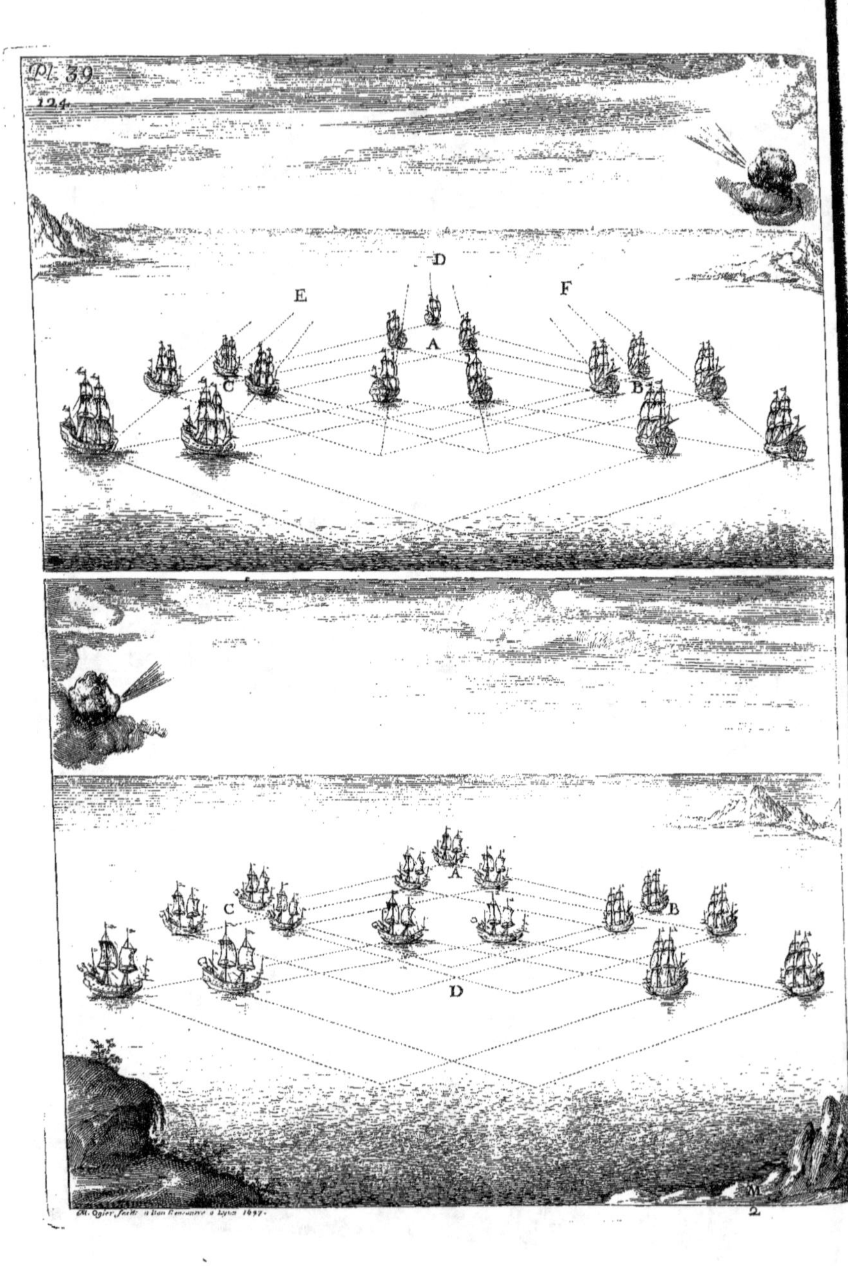
D
E
F
A
C
B
A
C
B
D
M. Ogier fecit à Don Rencontre à Lyon 1697.
2.

elle a gagné les eaux de l'Efcadre A , elle doit carguer des voiles , tandis que celle-ci force à fon tour. Il ne faut pas craindre que la tête B ne coupe les Colomnes de l'Efcadre A , qui font la moitié moins longues que la ligne AB.

II.

Mettre les Efcadres qui font les Aîles , à la place l'une de l'autre.

Si on veut que l'Efcadre B change de place avec l'Efcadre C, Planc. 39. l'Efcadre A courra vent-arriere , & l'Efcadre C courra au plus-prés ftribord , jufques à ce qu'elle foit au point G dans les eaux de l'Efcadre A , qui alors mettra en pane dans le pofte D : enfuite l'Efcadre C arrivera de quatre rumbs pour fe rendre fur l'efpace B. Cependant l'Efcadre B aura couru largue de quatre rumbs pour gagner le pofte A , où mettant au plus-prés bas-bord elle fe fera rendu fur le pofte C. Enfin les Efcadres C, B aiant occupé réciproquement les poftes B, C, courront vent-arriere pour amener l'Efcadre A au rumb qui convient, en gagnant les poftes F , E.

Remarque.

L'Fvolution fera moins embaraffée dans la pratique, qu'il ne femble ; parceque les poftes D, G feront déterminez, quand les trois Efcadres feront fur une même ligne DAG ; de même les poftes C, B feront réciproquement déterminez, quand les Efcadres B, C feront fur la perpendiculaire du vent. Le temps qu'on emploiera à faire l'Evolution , fera celui que le Vaiffeau C mettra à parcourir les lignes CG, GB, BF, en forçant de voiles.

III.

Mettre l'Efcadre du milieu à la place d'une Aîle , & mettre l'autre Aîle au milieu.

Si on veut que l'Efcadre A prenne la place de l'Aîle B, & que l'Aîle C faffe le Corps-de-bataille. Les Efcadres A, C mettront en Figur. 2. pane, tandis que l'Efcadre B courra au plus-prés bas-bord , pour fe mettre fur l'efpace D fous-le vent de l'Efcadre A : alors l'Efcadre B arrivera de quatre rumbs , l'Efcadre A courra au plus-prés ftribord , & l'Efcadre C courra largue de quatre rumbs ftribord , jufques à ce que les trois Efcadres foient les unes à l'égard des autres dans les rumbs qui conviennent.

M ij   Remarque

Remarque.

L'Efcadre A forcera de voiles, & les deux autres cargueront des voiles, afin que l'Efcadre A puiffe plus aifément gagner fon pofte.

§. V.

Changer la difpofition des Efcadres dans le cinquiéme Ordre de marche.

Planc. 40.   SOit l'Armée AB, CD, EF rangée fur trois Colomnes, de la maniere que nous avons expliqué dans la partie précédente.

I.

Mettre l'Efcadre du milieu à la place de celle qui eft fous-le vent.

Si on veut que l'Efcadre du milieu CD change de place avec l'Efcadre EF qui eft fous-le-vent. L'Efcadre EF courra largue de quatre rumbs ftribord en forçant de voiles, pour fe rendre fur FG, où elle mettra en pane. Cependant les deux autres aiant arrivé de huit rumbs bas-bord, viendront occuper à petites voiles l'une CD, l'autre EF; aprés quoi l'Efcadre AB courant largue de quatre rumbs ftribord paffera de CD fur DK, & l'Efcadre CD courant largue de huit rumbs ftribord ira fe pofter fur HI. Ainfi l'Armée fera bien-tôt fur les lignes DK, FG, HI, rangée comme on le fouhaitoit.

Remarque.

L'Efcadre AB connoîtra qu'elle eft fur la ligne CD, fi courant avec la même voilure que l'Efcadre CD, elle remarque le temps auquel celle-ci fe trouvera dans les eaux de l'Efcadre EF. Nous avons dit que les Efcadres AB, CD devoient faire peu de voiles; c'eft afin de donner le temps à l'Efcadre EF de quitter la ligne EF, avant que l'Efcadre CD y vienne: mais enfuite elles devront forcer de voiles autant qu'elles pourront, afin de rendre plus court le temps de l'Evolution, qui fera mefuré par celui que le Vaiffeau C emploiera à parcourir les lignes CE, EH.

40.

Pl. 41.
130
K
H
G
I
F
D
B
E
C
A

II.

Mettre l'Efcadre du milieu à la place de celle qui eft au-vent.

Si on veut que l'Efcadre du milieu C D change de place avec Planc.42. l'Efcadre A B qui eft au-vent. L'Efcadre E F mettra en pane , & l'Efcadre C D courant largue de quatre rumbs ftribord, forcera de voiles pour fe rendre fur D G, où elle mettra en pane. Cependant l'Efcadre A B aiant couru à petites voiles largue de huit rumbs basbord, fe fera mis fur la ligne C D, où elle changera de route , & courant largue de huit rumbs ftribord elle fe rendra fur F H. En même temps l'Efcadre E F fe rendra fur I K en courant auffi largue de huit rumbs ftribord. Ainfi l'Armée fera fur les lignes D G, F H, I K rangée comme on le demandoit.

Remarque 1.

Nous avons dit que l'Efcadre A B devoit faire peu de voiles , afin de donner le temps à l'Efcadre C D de quitter entierement la ligne C D. L'Efcadre C D déterminera le temps auquel les deux autres commenceront de courir largue de huit rumbs ftribord, fçavoir quand l'Efcadre A B fera dans les eaux de l'Efcadre C D. De même l'Efcadre C D déterminera la diftance des deux autres : car quand elles feront par fon travers, elles feront à la diftance requife. Quand l'Efcadre A B aura atteint la ligne C D, elle forcera de voiles auffi-bien que l'Efcadre E F , afin d'achever plus promptement l'Evolution , qui demande tout le temps néceffaire au Vaiffeau A pour parcourir les lignes A C, C F.

Remarque 2.

Quand on dit que l'Efcadre C D occupe D G, & que l'Efcadre A B fe rend fur C D, il femble qu'on mette deux Vaiffeaux dans le même point D : il faut donc entendre que l'Efcadre C D fe met fur D G de telle maniere, qu'elle laiffe la place D entierement vuide pour le Vaiffeau B. Nous prendrons la chofe fur le même pied dans toutes les autres Evolutions.

III.

Mettre l'Escadre qui est au-vent, à la place de celle qui est sous-le vent.

Planc.42. Si on veut que l'Escadre A B qui est au-vent, change de place avec l'Escadre E F qui est sous-le vent. L'Escadre E F courra au plus-près bas-bord en forçant de voiles pour se rendre sur la ligne E G, où elle mettra en pane. En même temps les deux autres Escadres courront largue de huit rumbs stribord pour se mettre dans les eaux de l'Escadre E F, l'une sur la ligne E F, l'autre sur la ligne F I. Ensuite ces deux Escadres courant largue de quatre rumbs bas-bord se rendront l'une sur H L, l'autre sur M N. Ainsi l'Armée sera sur les lignes E G, H L, M N, comme on le demandoit.

Remarque 1.

Il faut que l'Escadre A B fasse au commencement peu de voiles, afin de donner le temps à l'Escadre C D de se mettre dans les eaux de l'Escadre E F, & ensuite de courir quelque temps au plus-près *Autre ma-* bas-bord, pour se rendre sur E F. On pourroit mettre en pane les *niere.* Escadres A B, C D, jusques à ce que l'Escadre E F eût gagné la ligne E G; alors l'Escadre C D courroit largue de huit rumbs bas-bord pour se rendre sur E F, & l'Escadre A B courroit largue de huit rumbs stribord pour se rendre sur F I : & le reste de l'Evolution se feroit comme dans la précédente.

Remarque 2.

Quand les Escadres A B, C D auront occupé les lignes I F, F E, elles forceront de voiles, pour achever plus promptement l'Evolution, qui demande tout le temps nécessaire au Vaisseau A pour parcourir les lignes A F, F N.

I V.

133
Pl. 42
M
H
E
C
A
D
M. IIIII
3

Pl. 43

IV.

Mettre sous-le vent l'Escadre qui étoit au-vent , & mettre au-vent l'Escadre qui étoit au milieu.

Si on veut que l'Escadre A B se mette sous-le vent, & que l'Es- Planc. 43. cadre C D se mette au-vent. Les Escadres C D, E F mettront en pane, & l'Escadre A B courant largue de six rumbs bas-bord se rendra sur D G, où elle changera de route, & courant largue de huit rumbs stribord elle se rendra sur I L, où elle mettra aussi en pane ; après quoi les Escadres C D, E F courront largue de quatre rumbs bas-bord, pour se mettre par son travers, & l'Armée se trouvera sur les lignes D G, F H, L I, de la maniere qu'on demandoit.

Remarque 1.

On pourra faire l'Evolution d'une autre maniere qui mettra l'Ar- *Autre ma-*mée plus au-vent ; si au lieu de faire passer l'Escadre A B sous-le vent *niere.* des Escadres C D, E F, on la fait passer au-vent : pour cela il faut que l'Escadre A B coure largue de deux rumbs stribord, jusques à ce qu'elle ait mis l'Escadre C D dans ses eaux, & qu'ensuite elle coure largue de huit rumbs stribord ; après quoi les Escadres C D, E F courront au plus-prés stribord pour se mettre par son travers. Je conviens même que cette maniere est préferable à la précédente quand le temps ne presse pas.

Remarque 2.

On pourroit encore faire courir l'Escadre A B largue de quatre *Autre ma-*rumbs stribord, tandis que les deux autres courroient largue de qua- *niere.* tre rumbs bas-bord. Puis quand l'Escadre A B auroit mis l'Escadre C D dans ses eaux, les Escadres C D, E F mettroient en pane , & l'Escadre A B courroit largue de huit rumbs stribord , jusques à ce qu'elle seroit assez éloignée des deux autres : alors l'Escadre A B courroit largue de quatre rumbs bas-bord, & les deux autres courroient au plus-prés stribord, jusques à ce que les trois Escadres fussent par le travers les unes des autres. Cette maniere est sans doute la plus prompte ; mais elle me paroît un peu trop composée.

V.

V.

*Mettre au milieu l'Efcadre qui étoit au-vent , & mettre fous-le .
vent l'Efcadre qui étoit au milieu.*

Planc. 44. Si on veut que l'Efcadre A B fe mette au milieu, & l'Efcadre E F
au-vent. L'Efcadre E F courra au plus-prés bas-bord pour fe rendre
fur O H , où elle mettra en pane : l'Efcadre C D courra largue de
huit rumbs ftribord pour fe rendre fur O G , d'où elle paffera fur
N M en courant largue de quatre rumbs bas-bord. Cependant l'Efcadre A B courant vent-arriere , fe fera auffi rendu fur O G , où elle
fera venuë au-vent de huit rumbs bas-bord , pour gagner L I. Ainfi
l'Armée fe trouvera rangée fur les lignes O H, L I , N M , comme
on l'avoit demandé.

Remarque 1.

Cette Evolution paroîtra d'abord un peu indéterminée ; car il femble que rien ne peut faire connoître à l'Efcadre E F l'endroit où elle
doit mettre en pane. Neanmoins fi on examine la chofe de plus prés
on trouvera 1. Que l'Efcadre C D eft déterminée à courir par le
rumb qu'on lui prefcrit avec une voilure qui donne le temps à l'Efcadre E F de lui paffer au-vent. 2. l'Efcadre E F eft déterminée à
mettre en pane , quand en forçant de voiles elle a laiffé à l'Efcadre
C D l'efpace néceffaire pour paffer fous-le vent. 3. L'Efcadre E F
étant en pane , donne lieu aux deux autres de fe venir mettre dans fes
eaux, où elles changent de route pour gagner fon travers, par des
rumbs qui les mettent naturellement à la diftance requife. Il faut
feulement obferver que les Efcadres A B , C D ménageront leurs voiles , jufques à ce qu'elles aient paffé dans les eaux de l'Efcadre C D ;
mais enfuite elles forceront de voiles pour achever plus promptement
l'Evolution.

Remarque 2.

Autre ma-
niere. On pourroit faire la même chofe par une autre voye , en faifant
paffer les Efcadres A B, C D au-vent de l'Efcadre E F ; mais l'Evolution n'en feroit ni plus fimple , ni plus courte , ni plus avantageufe
pour gagner le vent.

§. VI.

A
C
E
H
I
M
O
L
N
F
D
N.III

Pl. 46.

F E D G C A B H I
F E D G C B A I H
B A C G D H F
N. III.
M. Ogier fecit a Bon-Rencontre a Lyon 1757.

§. VI.

Changer la diſpoſition des Eſcadres dans l'Ordre-de retraite.

S Oit l'Armée B G F rangée ſur l'Ordre-de retraite.

I.

Mettre l'Eſcadre du milieu à la place d'une des deux autres.

Si on veut que l'Eſcadre C D du milieu change de place avec l'Eſ- Planc. 45. cadre A B. L'Eſcadre E F mettra en pane, & l'Eſcadre C D courra toute au plus-prés ſtribord en forçant de voiles la longueur de deux cables ; aprés quoi ſa partie G C arrivera de quatre rumbs, & le reſte de l'Eſcadre ſe mettra dans ſes eaux, juſques à ce qu'elle ſoit toute ſur la ligne H I, d'où elle pourra arriver vent-arriere ſur la ligne A B. Cependant l'Eſcadre A B ſe ſera logé ſur les lignes C G D.

Remarque.

Les deux Eſcadres forceront de voiles, pour achever plus promptement l'Evolution : & il ne faut pas craindre que le Vaiſſeau A ne coupe la queuë de l'Eſcadre C G D, parceque le Vaiſſeau A ne commence à courir qu'aprés que les Vaiſſeaux C G lui ont paſſé au-vent, & d'ailleurs la ligne A G eſt plus longue que D G.

II.

Changer les Eſcadres des Aîles l'une avec l'autre.

Si on veut que l'Eſcadre A B change de place avec l'Eſcadre E F. Figur. 2. L'Eſcadre C D aiant mis en pane, le Vaiſſeau A courra largue de quatre rumbs bas-bord, & le reſte de ſon Eſcadre ſe mettra ſucceſſivement dans ſes eaux, juſques à ce qu'elle ſoit toute ſur A H ; alors elle reviendra toute en même temps de trois rumbs au-vent, pour ſe rendre ſur E F. Cependant l'Eſcadre E F ſe ſera mis ſur F I, & aprés avoir donné le temps à l'Eſcadre A B de lui paſſer au-vent, elle aura couru au plus-prés ſtribord pour venir occuper l'Eſpace A B.

III.

Mettre l'Eſcadre du milieu à la place d'une des Aîles, & mettre l'autre Aîle au milieu.

Si on veut que l'Eſcadre A B ſoit au milieu, & que l'Eſcadre C D Figur. 3. prenne la place de l'Eſcadre E F. La tête F courra largue de quatre

N iiiij

rumbs

rumbs ſtribord, & le reſte de l'Armée courra comme pour ſe mettre dans ſes eaux. Puis quand l'Eſcadre F E ſera toute ſur F H, elle viendra au-vent de trois rumbs pour ſe rendre ſur B A, & le reſte de l'Armée mettra en pane quand le milieu de l'Eſcadre A B ſera au point G.

Remarque 1.

Pour la ſe-conde Evolution.   La ſeconde Evolution eſt fort ſimple, & fort exacte : il faut ſeulement obſerver que l'Eſcadre E F ne coure pas beaucoup ſur la ligne F I, de peur de ſe mettre trop ſous-le vent de la ligne A B. Ainſi il faudra qu'elle mette en pane, afin d'attendre que l'Eſcadre A B lui ait laiſſé l'eſpace néceſſaire pour ſe rendre à ſon poſte.

Remarque 2.

Pour la troiſiéme.   La troiſiéme Evolution eſt encore plus ſimple, plus exacte, & plus prompte : tous les Vaiſſeaux pourront forcer de voiles, mais ſur tout il eſt néceſſaire que l'Eſcadre E F force le plus qu'elle pourra, parceque le temps de l'Evolution ſera meſuré par celui que le Vaiſſeau F mettra à parcourir les lignes F H B.

TRAITÉ
DES EVOLUTIONS
NAVALES.

TROISIÉME PARTIE,

Rétablir les Ordres quand le vent change.

EXPLICATION DU SUJET.

IL eſt fort ordinaire à la mer d'avoir des changemens de vent, & ils ſont tous capables de mettre
le déſordre dans une Armée, qui n'eſt pas bien diſ-
ciplinée. Les Ordres étant établis par rapport au
vent, ils ſont troublez quand le vent change, &
l'Armée ſe trouveroit dans une terrible confuſion,
ſi elle n'avoit pas des régles aiſées, pour rétablir
l'Ordre que le changement de vent lui a fait perdre. Je ſçai qu'en
ces rencontres on peut rétablir l'Ordre par les mêmes voyes qu'on le
forme, lorſque l'Armée n'en a encore point : mais on voit aiſément
que ce ſeroit là une ſource de fâcheux accidens ; les Eſcadres ſe ſé-
pareroient, les Vaiſſeaux s'aborderoient, toute l'Armée demeureroit
un temps infini à ſe ranger : au lieu que ſi on ſuit les régles que nous
allons donner, le changement de vent ne dérange nullement l'Armée;
chaque Vaiſſeau ne laiſſe pas de ſe trouver dans ſon poſte, & un petit
mouvement qui ſe fait d'une maniere également exacte & impercep-
tible, remet l'Armée dans l'Ordre qu'elle avoit perdu. Je ne ſçai ſi
je me trompe, quand je me perſuade que le bon Ordre d'une Armée
exige que le poſte & la maneuvre de chaque Vaiſſeau ſoient ſi exac-

O

tement

tement déterminez dans toutes les circonstances, qu'il ne leur soit jamais libre de choisir le parti qu'ils ont à prendre : mais il me semble du moins que ce seroit un moien efficace pour éviter les accidens qui sont si communs à la mer , quand chacun choisit son poste comme il lui plaît , & fait la maneuvre qui lui paroît plus convenable. C'est ce qui m'oblige de marquer par des lignes ponctuées , le poste de chaque Vaisseau durant tout le mouvement, par où l'Armée se remet dans l'Ordre que le changement de vent a détruit. On tirera deux avantages de cette précaution. 1. On verra d'une maniere plus nette toutes les circonstances du mouvement. 2. On sera moins embarassé dans la pratique , quand on aura pris garde que le mouvement de chaque Vaisseau est si bien déterminé par celui de ses voisins , qu'un seul Vaisseau peut régler par son exemple le mouvement d'une Division, ou d'une Escadre.

§. I.

Rétablir la Ligne-de combat quand le vent change.

1.

Quand le vent vient de l'avant.

Planc. 46.   SOit l'Armée AB en Ligne-de combat du vent C , & que le vent change de quatre rumbs en venant à D. Toute l'Armée mettra en pane , & la tête A arrivant de dix rumbs forcera de voiles sur la ligne A G : puis quand le Vaisseau C se trouvera avec le Vaisseau A dans la ligne du plus-prés C E , il fera servir comme lui ; les Vaisseaux suivans feront la même chose , & bien-tôt toute l'Armée se trouvera sur la ligne du plus-prés B G.

Remarque.

Pour trouver le nombre des rumbs de vent dont le Vaisseau A doit arriver , il faut en ajoûter huit à la moitié des rumbs dont le vent a changé : & de cette maniere les lignes A B , G B se trouvent égales. Ainsi parce qu'on a supposé que le vent avoit changé de quatre rumbs , nous avons fait arriver le Vaisseau A de huit rumbs.

Autre maniere.

Figur. 2.   Si l'Armée A B ne veut pas mettre en pane , elle viendra toute en même temps au plus-prés , & la tête A forcera de voiles en arrivant autant qu'il sera nécessaire, pour se tenir à la distance requise avec le Vaisseau E : puis quand le Vaisseau E se trouvant au point F , sera à l'égard du Vaisseau A dans la ligne du plus-prés , il arrivera & forcera

cera

147
C
D
A
E
C
G
B
G
H
E
A
F
B
G
M. Quier fecit Lugd. a.B.K.

cera de voiles comme lui. Le Vaiſſeau H, & tous les Vaiſſeaux ſuivans feront la même choſe ; ce qui mettra bien-tôt l'Armée ſur la ligne du plus-prés.

Remarque.

Cette maniere eſt moins exacte que la précédente, & demande ^{Planc. 47.}
beaucoup plus de temps : mais auſſi elle ſemble faire moins perdre
l'avantage du vent à l'Armée : car la queuë B courant toûjours au
plus-prés durant l'Evolution, gagnera au-vent toute la ligne B O ; &
par conſéquent l'Armée ſe trouvera plus au-vent que par l'Evolution
précédente. Il faut neanmoins convenir que l'Evolution précédente
étant plus ſimple, plus exacte, & plus prompte que celle-ci, doit
lui être préferée, ſur tout dans les Armées qui ne ſont pas encore bien
rompuës aux Evolutions.

Autre maniere.

Si on ne ſe met pas en peine de tomber ſous-le vent ; on fera courir la queuë largue de quatre rumbs, & le reſte de l'Armée s'étant
mis dans ſes eaux, ſe trouvera en Ordre-de bataille. Car ſoit l'Ar- ^{Figur. 1.}
mée B L rangée en Ordre-de bataille du vent C, de ſorte que la tête
ſoit B : ſi le vent vient à D , la queuë L pourra courir largue de
quatre rumbs bas-bord ſur la ligne L M , & le reſte de l'Armée s'é-
tant mis ſucceſſivement dans ſes eaux, elle ſe trouvera rangée en Ordre-de bataille ſur la ligne L M.

Autre maniere.

Si on aime mieux renverſer la diſpoſition des têtes & des queuës
de l'Armée. La queuë L viendra au plus-prés , & le reſte de l'Armée ſe mettra ſucceſſivement dans ſes eaux ſur la ligne L G.

Remarque.

Cette derniere Evolution ne perd pas tant l'avantage du vent que
la précédente, elle ne laiſſe pas d'en perdre beaucoup , & de plus
elle renverſe l'arrangement des Eſcadres , & des Diviſions. C'eſt pourquoi on ne ſe ſervira de cette maniere que dans des circonſtances
tres-preſſantes, comme pour élonger un ennemi qui voudroit éviter
le combat, ou pour doubler un Cap, ou pour parer quelque danger.

Autre maniere.

Planc. 48. Si le vent ne change pas beaucoup, le Général E mettra en pane, & la partie A E de l'Armée arrivera de huit rumbs pour venir se mettre successivement en pane sur la ligne E F, & la partie E B courra au plus-prés bas-bord, pour venir aussi se mettre successivement en pane sur la ligne E G. Ainsi l'Armée sera bien-tôt en Ordre-de bataille sur la ligne du plus-prés stribord F G.

Remarque.

Cette maniere ne convient guéres à une grande Armée ; parceque la queuë B auroit un trop grand chemin à faire au plus-prés, pour gagner son poste. D'ailleurs l'Armée tomberoit beaucoup sous-le vent, en demeurant si long-temps en pane ; & les intervalles des Vaisseaux venant à s'augmenter sur la ligne E G, donneroient une étenduë énorme à l'Armée.

Autre maniere.

Figur. 2. Si le vent change de douze rumbs, l'Ordre de l'Armée ne sera pas troublé, & il ne faudra que changer les amures. Ainsi l'Armée A B étant en Ordre-de bataille stribord du vent C, sera en Ordre-de bataille bas-bord du vent D, pourveu que le vent D soit different de douze rumbs du vent C.

Remarque.

C'est ici un point d'une assez grande conséquence, & si on en profite on épargnera bien des mouvemens. 1. Le vent ne pourra jamais changer de plus de six rumbs en venant de l'avant ; car s'il change de sept rumbs, on changera d'amures, & on agira comme s'il étoit venu de l'avant de cinq rumbs. 2. Quand le vent change de plus de douze rumbs, il ne vient pas de l'avant, mais de l'arriere : car si le vent D étoit éloigné de quatorze rumbs du vent C, il faudroit agir comme si l'Armée aiant été rangée au plus-prés bas-bord sur la ligne A B, le vent étoit venu de l'arriere de deux rumbs. Nous allons encore donner quelques exemples de tout ceci, parceque la chose paroît importante.

Premier

Roussel Serit
A
D
C
d
E
G
B
D
C
A
O. IIII.

Pl. 47
A
B
C
A
B
C

Premier exemple.

Nous avons dit plus haut que ſi le vent change de quatre rumbs Planc. 48. en venant de l'avant, le Vaiſſeau B peut courir largue de quatre rumbs bas-bord, & que le reſte de l'Armée s'étant mis dans ſes eaux, l'Ordre ſeroit rétabli d'une maniere tres-ſimple. Suppoſons donc que le vent étoit à bas-bord de l'Armée, & qu'il change de huit rumbs, la queuë B courra de même en larguant de quatre rumbs bas-bord, & l'Armée ſe rétablira par la même Evolution.

Remarque.

Quand le vent change de quatre rumbs, l'Evolution précédente rétablit l'Ordre préciſément comme il étoit : car l'Armée qui étoit en Ordre-de bataille ſtribord avant le changement du vent, ſe trouve en Ordre-de bataille ſtribord aprés l'Evolution. Mais ſi le vent change de huit rumbs, l'Armée ne ſe trouve pas aprés l'Evolution préciſément dans le même Ordre, & du même bord ; car elle étoit dans la ligne-de combat bas-bord avant que le vent changeât, & elle ſe trouve au contraire dans la ligne-de combat ſtribord aprés l'Evolution.

Second exemple.

Nous avons encore dit plus haut que ſi le vent change de quatre rumbs, le Vaiſſeau B viendra au plus-prés, & le reſte de l'Armée ſe mettra ſucceſſivement dans ſes eaux, & qu'ainſi on rétablira l'Ordre ſans beaucoup de peine. Suppoſons donc que le vent change de huit rumbs, on fera la même maneuvre, & on aura encore l'avantage de conſerver l'Armée ſur la même ligne du plus-prés, & avec ſes mêmes amures ; au lieu que l'Armée changeroit de bord ſi le vent ne tournoit que de quatre rumbs.

Remarque.

Il ſemble que pour conſerver l'Armée dans la même ligne du plus- Figur. 2. prés ſtribord, quand le vent change de quatre rumbs, on pourroit faire courir le Vaiſſeau B au plus-prés ſtribord : mais la choſe n'eſt pas poſſible dans la pratique, ſans mettre le Vaiſſeau B en danger d'aborder les Vaiſſeaux ſuivans, parceque l'angle A B G eſt trop aigu. Pour éviter cet inconvenient, on pourra faire que le Vaiſſeau B coure quelque temps largue, & qu'enſuite il vienne au plus-prés ſtribord.

Troifiéme exemple.

Planc. 50.   Si le vent change de feize rumbs : l'Armée qui étoit fur le plus-prés ftribord, amurera bas-bord : puis la tête A viendra au plus-prés bas-bord, & le refte de l'Armée s'étant mis fucceffivement dans fes eaux, fe trouvera en ligne-de combat fur A G.

Remarque.

Autre ma-
niere.   Si l'Armée reviroit toute de pouppe à proüe en renverfant l'Ordre des têtes & des queuës, & qu'elle prît les amures ftribord, elle fe trouveroit en ligne avec deux avantages affez confidérables. 1. L'E-volution feroit beaucoup plus prompte. 2. L'Armée feroit plus au-vent. Ceci mérite quelque réflexion, parce qu'il eft des cas, où un mouvement de cette nature mettroit l'Armée au-vent de l'ennemi.

I I.

Quand le vent vient de l'arriere.

Figur. 2.   Si le vent vient de l'arriere, la tête A de l'Armée A B portera au plus-prés, & tous les autres Vaiffeaux fe mettront fucceffivement dans fes eaux au point A.

Remarque 1.

Cette maniere eft tres-fimple, & c'eft l'unique dont on doit fe fervir dans la pratique, pour éviter les accidens qui font inféparables des autres méthodes. Il eft vrai qu'elle eft un peu longue : mais fa longueur n'empêche pas que l'Armée ne faffe tout ce qu'elle feroit, fi l'Ordre fe rétabliffoit en un moment. La tête A pourra forcer de voiles pour élonger l'ennemi, ou lui gagner le vent, fans craindre que le refte de l'Armée ne puiffe pas fuivre ; parceque les Vaiffeaux qui ne feront pas en ligne courront largue, & fe fuivront à la file.

Remarque 2.

Il faut auffi remarquer, qu'en renverfant l'Ordre des têtes & des queuës, l'Armée fe trouvera quelquefois rétablie plûtôt, & plus au-vent. Car fi le vent vient de C en D en changeant de quatre rumbs, & que l'Armée A B amure bas-bord donnant la tête au Vaiffeau B, elle fe trouvera en ligne, fans qu'un feul Vaiffeau arrive.

§. II.

Pl. 30.
C
D
A
B
G
A
B
G
C
Pag.

162
Pl. 51
C
D
G
A
B
C
D
G
B
O
A

§. II.

Rétablir le ſecond Ordre-de marche quand le vent change.

SOit l'Armée A B rangée ſur la perpendiculaire du vent C, & que le vent D ſuccéde au vent C : la tête A qui eſt ſous-le-vent, courra ſur A G perpendiculaire au vent D, & le reſte de l'Armée ſe mettra ſucceſſivement dans ſes eaux au point A.

Remarque.

Si on vouloit conſerver l'avantage du vent, on pourroit faire courir la tête B ſur la perpendiculaire du vent, pourveu que le reſte de l'Armée ſe pût mettre dans ſes eaux. Au reſte l'Evolution eſt tres-ſimple de quelque maniere que le vent change : mais comme elle eſt longue, ſi le vent change peu, on ſe contente de faire arriver vent-arriere les Vaiſſeaux qui ſont trop au-vent.

§. III.

Rétablir le troiſiéme Ordre-de marche quand le vent change.

I.

Quand le vent change de ſeize rumbs.

SOit l'Armée A O B rangée dans le troiſiéme Ordre-de marche du vent C, & que le vent D ſuccéde au vent C en changeant de ſeize rumbs. Les Aîles A & B mettront en pane, & les autres Vaiſſeaux courront vent-arriere, & viendront ſe mettre ſucceſſivement en pane ſur les lignes du plus-prés A G, B G.

Remarque.

Afin d'éviter tous les accidens qui pourroient cauſer quelque confuſion dans l'Armée ; les Vaiſſeaux ſe tiendront durant toute l'Evolution, ſur des lignes paralleles aux lignes A O, B O, juſques à ce qu'ils ſoient en pane ſur les lignes G A, G B.

II.

Quand le vent ne change pas de seize rumbs.

Planc. 52.

Si le vent ne change pas de seize rumbs : l'Aîle A qui est sous-le vent, viendra au plus-prés bas-bord, & le reste de l'Armée courra comme pour se mettre successivement dans ses eaux. Puis quand le Vaisseau G qui est au milieu de l'Armée, sera au point A, la partie A G qui sera sur H A arrivera de quatre rumbs, & le reste continuera de se mettre dans les eaux du Vaisseau G. Ainsi l'Armée se trouvera bien-tôt sur l'angle obtus A I L.

Remarque 1.

Il me semble que cette Evolution est si simple, qu'elle fera changer de sentiment à ceux qui ont rejetté le troisiéme Ordre-de marche, comme étant difficile à rétablir quand le vent change. Il suffit que les Vaisseaux A & G fassent la maneuvre qui convient, pour régler tous les autres, & toute la maneuvre de ces deux Vaisseaux consiste à venir au-vent une fois, & à arriver une autre fois.

Remarque 2.

Je conviens que cette Evolution demande un temps assez considérable, sçavoir tout celui qui est nécessaire au Vaisseau F, pour parcourir à petites voiles les lignes F G, G A : mais il ne faut compter pour rien la durée de l'Evolution, parce qu'elle ne met l'Armée en nul danger d'être troublée.

Remarque 3.

Quand le vent ne change pas beaucoup ; il n'est pas nécessaire de recourir à cette Evolution : mais il suffit de faire forcer de voiles aux Vaisseaux qui se trouveront trop au-vent, si l'Armée est vent-arriere ; ou si elle court au-vent, les Vaisseaux qui sont trop sous-le vent forceront de voiles.

Remarque 4.

Ce que nous venons de dire, doit s'entendre de toutes les Evolutions que nous donnons dans cette troisiéme Partie. Il sera même bon d'observer qu'on ne doit pas se presser de rétablir les Ordres, quand le vent change ; parceque le vent retombe quelquefois au même rumb un moment aprés avoir changé. C'est pourquoi l'Armée se tiendra durant quelque temps dans le même Ordre, en faisant autant qu'on pourra sa route, jusques à ce qu'on ait examiné si le vent est fait.

§. IV.

Pag.52.
I
L
H

Pl 53
C
D
H
G
F
B
E

§. IV.

Rétablir le quatriéme Ordre-de-marche quand le vent change.

I.

Quand le vent change de feize rumbs.

SOit l'Armée A B C rangée fur fix Colomnes, & que le vent C ^{Planc. 55.} changeant bout pour bout paffe au vent D. Toute l'Armée mettra en pane, & le Vaiffeau A fera vent-arriere fur la ligne A G. Puis quand fes deux Matelots fe trouveront à fon égard dans les lignes du plus-prés, ils feront fervir en courant de même vent-arriere, & les autres Vaiffeaux de chaque Colomne fuivront ceux-ci par ordre. Quand les Commandans C, B fe trouveront auffi à l'égard du Commandant A dans les lignes du plus-prés, ils courront comme lui, & leurs Efcadres feront les mêmes maneuvres que l'Efcadre A. Ainfi l'Armée fe trouvera bien-tôt rétablie dans l'Ordre que le changement de vent lui avoit fait perdre, & elle occupera les poftes F, G, H.

Remarque 1.

Il ne faut pas craindre que l'Armée ne tombe fous-le vent, en demeurant long-temps en pane ; puifqu'on ne la met en cet Ordre, que pour courir vent-arriere.

Remarque 2.

Les Vaiffeaux de chaque Efcadre pafferont entre les Colomnes dont elle eft compofée ; ce qui refferrera les Colomnes, mais il leur fera aifé de prendre un peu au-vent de part & d'autre aprés l'Evolution, pour s'écarter.

Remarque 3.

Il n'eft pas néceffaire d'entrer dans un grand détail pour cette Evolution, ni pour la fuivante : parce qu'elles ne font pas d'ufage ; car comme l'on ne met l'Armée en cet Ordre que quand on a vent-arriere, on ne le rétablit pas quand le vent change.

Q ij   II.

II.

Quand le vent ne change pas de seize rumbs.

Planc. 54.   Si le vent ne change pas de seize rumbs, & que les lignes du plus-
prés pour le vent D soient BF, FG, ou BF, AO : les Escadres
A, B mettront en pane, & l'Escadre C forcera de voiles courant par
le rumb qui la tiendra à la même distance de l'Escadre A, jusques à
ce que le Commandant C soit sur la ligne OA du plus-prés stribord : alors l'Escadre A fera servir, & courra comme l'Escadre C,
jusques à ce que les Commandans A, C soient sur les points F, G
où ils mettront en pane, pour donner le temps aux six Colomnes de
se ranger derriere leurs Commandans.

§. V.

Rétablir le cinquiéme Ordre-de-marche quand le vent change.

I.

Quand le vent change de seize rumbs.

Figur. 2.   SOit l'Armée AB, CD, EF sur trois Colomnes, & que le vent
saute de C à D, en changeant bout pour bout. La tête A de la
Colomne AB courra au plus-prés bas-bord, & le reste de son Escadre se mettra successivement dans ses eaux : les deux autres Escadres demeureront en pane, jusques à ce que la tête C soit par le travers de
la tête A, quand celle-ci sera au point G ; alors la tête C fera servir
comme la tête A, & son Escadre suivra de méme. Enfin quand la
tête E sera par le travers des deux autres qui se trouveront aux points
H, I, elle fera de méme servir avec toute son Escadre. Ainsi l'Armée
sera bien-tôt sur les lignes HL, IM, EN, dans l'Ordre qu'on demandoit.

Remarque 1.

Les Colomnes se trouveront un peu trop serrées ; mais elles s'écarteront ensuite fort aisément, si celles du-vent pincent un peu plus le
vent que les autres. On pourroit observer que les Colomnes CD,
EF missent en pane stribord pour un peu s'écarter.

Remarque 2.

Autre ma-   Si on vouloit renverser l'ordre des têtes & des queuës, l'Armée
niere.   revireroit de pouppe à proüe & amureroit stribord ; ce qui la rétabli-
roit en un instant. Au reste ces deux Evolutions changent l'ordre des
Escadres par rapport au vent ; mais on pourra ensuite remettre
les

pag. 54.
C
D
B
C
H
D
C
N
M
H
G
E
I
A
D
B
Qiij
I

C
D
F
A
M
C
L
H
E
G
B
D
Bouchet fecit

les choſes, par les régles que nous avons donné dans la Partie précédente.

II.

Quand le vent vient de l'arriere de quatre rumbs.

Si le vent vient de l'arriere, & que ſon changement ne ſoit tout au Planc. 55.
plus que de quatre rumbs. La tête E de l'Eſcadre qui eſt ſous-le
vent vient au plus-prés bas-bord, & le reſte de ſon Eſcadre ſe met
ſucceſſivement dans ſes eaux : les deux autres Eſcadres aiant reviré de
pouppe à proüe, courent ſur les lignes CD, AB. Puis quand la tête C eſt au point G par le travers de la tête E qui eſt au point H,
la tête C court au plus-prés bas-bord, & ſon Eſcadre ſe met ſuccef-
ſivement dans ſes eaux. La tête A fait la même choſe, quand elle ſe
trouve au point I par le travers des deux autres, qui ſont aux points
M, L. Ainſi l'Armée eſt bien-tôt rangée ſur les trois Colomnes I P,
M O, L N.

Remarque 1.

Les Eſcadres AB, CD pourroient mettre en pane au lieu de cou- *Autre ma-*
rir par les lignes CD, AB : & je penſe que dans la pratique c'eſt le *niere.*
meilleur parti qu'on puiſſe prendre, pour éviter les mouvemens que
les deux Eſcadres AB, CD doivent faire en revirant deux fois. Il
eſt vrai que les Colomnes ſe trouveront extrêmement ſerrées aprés
l'Evolution ; mais l'inconvenient n'eſt pas grand, puiſqu'on y peut remédier en faiſant un peu arriver les Colomnes qui ſont ſous-le vent.

Remarque 2.

Si on veut s'en tenir à la premiere Evolution, pour mieux conſerver l'avantage du vent ; il faudra que la tête E force de voiles, & que
le reſte de l'Armée ménage tellement ſa voilure, que les têtes demeurent à peu prés à la même diſtance.

Remarque 3.

Nous ne donnons cette Evolution que quand le vent change tout
au plus de quatre rumbs, parceque ſi le vent changeoit de plus de
quatre rumbs, les Vaiſſeaux ne pourroient pas courir par les lignes CD,
AB. On pourra donc s'en ſervir quoique le vent change de plus de
quatre rumbs, ſi on veut mettre les Eſcadres AB, CD en pane ;
ſans les faire courir au plus-prés ſtribord, pour conſerver la diſtance
des Colomnes.

Q iiiij   III.

III.

Quand le vent vient de l'arriere de huit rumbs.

Planc. 56.   Si le vent change de huit rumbs, l'Escadre A B mettra en pane, & les deux autres continueront leur route par les lignes D C, F E. Puis quand la tête C sera au point G quatre rumbs au dessous de la tête A, l'Escadre C D mettra aussi en pane : & quand la tête E sera au point G en ligne droite avec les deux autres têtes, elle viendra au plus-prés stribord, & son Escadre se mettra successivement dans ses eaux. La tête C fera la même chose avec son Escadre, quand la tête E venant au point I l'aura mis par son travers. Enfin la tête A avec son Escadre fera aussi servir, quand elle sera en ligne droite avec les deux autres. Ainsi l'Armée se trouvera sur les Colomnes A N, M O, L P.

Remarque.

Cette Evolution paroîtra bien longue, parce qu'elle demande tout le temps qui est nécessaire au Vaisseau E pour parcourir les lignes E H P, qui valent presque la longueur de toute l'Armée : neanmoins nous la préferons aux autres, parce qu'elle est générale : car si le vent change plus ou moins de huit rumbs, il faudra mettre la tête C plus ou moins au dessous de la tête A, prenant un rumb d'élévation pour deux rumbs de changement, depuis quatre rumbs jusques à douze.

IV.

Quand le vent vient de l'arriere de douze rumbs.

Figur. 2.   Si le vent vient de l'arriere de douze rumbs, on changera d'amure, & aprés avoir mis l'Escadre E F en pane, l'Evolution se fera de méme que la précédente, prenant la tête A pour la tête E.

Remarque.

On observera de méme que si le vent change plus ou moins de douze rumbs, on doit abbaisser plus ou moins la tête C, prenant demi-rumb d'élévation pour un rumb de changement. De cette maniere nous avons une méthode générale quand le vent vient de l'arriere, depuis quatre rumbs jusques à douze.

V.

D
C
H
I
L
G
M
E
C
A
P
O
N
F
D
B

C
D
H
I
M
G
L
N
O
A
E
P
C
R
B
D
F

180
Pl.57
N O P
L M B A
I D C
G
H F E
H I
G
F A
P

V.

Quand le vent vient de l'avant.

Si le vent vient de l'avant ; l'Efcadre A B qui eft au-vent met en Planc. 57. pane, les deux autres aiant reviré de pouppe à prouë, courent fur les lignes C D , E F. Puis quand la queuë D étant au point G, aura paffé la queuë B d'autant de demi-rumbs que le vent a changé de rumbs, l'Efcadre C D mettra en pane : de même quand la queuë F étant au point H, aura paffé la queuë G d'autant de demi-rumbs que le vent a changé de rumbs , la queuë F courra largue de quatre rumbs ftribord, & le refte de fon Efcadre fe mettra fucceffivement dans fes eaux. La queuë D fera la même chofe avec fon Efcadre, quand la queuë F étant au point I l'aura mis par fon travers : & la queuë B fera auffi la même maneuvre avec fon Efcadre, quand elle fera en ligne droite avec les deux autres. De cette maniere l'Armée fe mettra fur les Colomnes B P, M O, L N.

Remarque.

On voit clairement que cette Evolution n'eft rien autre chofe, que les précédentes renversées : c'eft pourquoi il lui faut appliquer à rebours toutes les précautions que nous avons pris pour les précédentes. Il eft vrai qu'on en pourroit trouver qui paroîtroient plus exactes , & plus courtes dans la théorie : mais parce qu'elles feroient plus mal aisées à exécuter, elles fe trouveroient en effet plus longues , & moins exactes dans la pratique.

§. V I.

Rétablir l'Ordre-de retraite quand le vent change.

I.

Quand le vent change de feize rumbs.

Soit l'Armée A G F rangée en Ordre-de retraite du vent C, & Figure 2, que le vent paffe de C à D en changeant de feize rumbs. Le Général G mettra en pane, & les autres Vaiffeaux courront vent-arriere pour fe mettre fucceffivement en pane fur les lignes du plus-prés G I, G H.

Remarque.

On pourra encore faire que l'Aîle A coure largue de quatre rumbs *Autre ma-* ftribord , & que le refte de l'Armée coure comme pour fe mettre *niere.*

succeſſivement dans ſes eaux, juſques à ce que le Général ſoit au point A ; car alors l'Armée ſera rangée en Ordre-de retraite du vent D. Cette ſeconde maniere eſt plus ſimple & plus exacte que la précédente : mais elle eſt un peu plus longue.

II.

Quand le vent change moins de ſeize rumbs.

Plnca.58.   Si le vent change moins de ſeize rumbs ; l'Aîle A qui eſt ſous-le vent, courra largue de quatre rumbs bas-bord, & le reſte de l'Armée ſuivra comme pour ſe mettre ſucceſſivement dans ſes eaux. Puis quand le Général G ſera au point A, la partie A G de l'Armée qui ſera ſur A L, viendra au plus-prés, & le reſte s'étant mis dans les eaux du Général, l'Armée ſera ſur l'angle obtus A H I en Ordre-de retraite.

Remarque.

Cette Evolution eſt tres-aisée : mais il faut obſerver que ſi le vent changeoit beaucoup, le Général G venant au plus-prés rencontreroit le reſte de l'Armée : ainſi pour ne pas tomber dans cet inconvenient, l'Aîle A courra largue de quatre rumbs ſtribord, au lieu de courir largue de quatre rumbs bas-bord. Il eſt vrai que cette maneuvre mettra la partie A G de l'Armée à la droite du Général, au lieu qu'elle étoit à la gauche avant le changement du vent : mais ſi on veut qu'elle demeure à la gauche, le Général G continuera de courir ſur la ligne A L, juſques à ce qu'en venant au-vent il ne puiſſe pas rencontrer la queuë de l'Armée.

Pl 58
L
I
A
H
E

TRAITÉ
DES EVOLUTIONS
NAVALES.

QUATRIÉME PARTIE,

Faire passer l'Armée d'un Ordre à l'autre.

EXPLICATION DU SUJET.

IEN n'est plus important dans l'Art des Evolu- *Importance*
tions que la maniere de changer les Ordres les uns *de cette*
avec les autres. Rien ne vient plus souvent dans *Partie.*
la pratique, & rien ne cause plus de désordre que
quand ces changemens ne se font pas régulierement. Le principe sur quoi nous avons établi nos
régles, a été de faire en sorte que durant tous les
mouvemens, le poste de chaque Vaisseau soit exactement déterminé,
que l'Armée perde peu de temps, & qu'elle tombe le moins qu'il se
pourra sous-le vent. Il me semble aussi que pour la perfection d'une
Evolution, il faut qu'elle soit si uniforme que deux ou trois Vaisseaux
dirigent tous les autres, & les mettent dans la nécessité de faire ce qui
convient. C'est dans cette pensée que parmi plusieurs manieres qui se
sont quelquefois présenté pour un changement, j'ai toûjours choisi les
plus simples, les plus uniformes, & les plus générales, préférablement
aux plus exactes. Je ne doute pas que mes Lecteurs ne trouvent des
Evolutions differentes des miennes, qui leur paroîtront quelquefois
meilleures ; je leur conseille même de s'en servir dans la pratique, aprés

R iiij

qu'ils

qu'ils auront examiné toutes les circonſtances qui les accompagnent, ſur les principes que nous venons de donner.

SECTION PREMIERE.

Changer l'Ordre-de bataille.

§. I.

Changer l'Ordre-de bataille avec le premier Ordre-de marche.

I.

Sans changer de bord.

Planc. 59. SOit l'Armée A B rangée en Ordre-de bataille : pour la reduire au premier Ordre-de marche , on la fera arriver toute en même temps , & elle ſe trouvera ſur la ligne C D en Ordre-de marche.

Remarque.

Pluſieurs raiſons obligent le Général de faire paſſer ſon Armée de l'Ordre-de bataille au premier Ordre-de marche : les principales ſont pour approcher l'ennemi , pour gagner un poſte , pour changer les Eſcadres.

I I.

En changeant de bord.

Si on veut que l'Armée change de bord en même temps qu'elle change d'Ordre ; c'eſt-à-dire qu'étant en Ordre-de bataille bas-bord, elle doive paſſer au premier Ordre-de marche ſtribord : on commencera par faire revirer l'Armée par la contre-marche ; enſuite on fera l'Evolution précédente.

Remarque.

Figur. 2.
*Autre ma-
niere.*
On pourroit faire revirer toute l'Armée de pouppe à prouë , aprés quoi la queuë B courroit largue de quatre rumbs bas-bord , & le reſte de l'Armée s'étant mis ſucceſſivement dans ſes eaux , ſe trouveroit rangé dans le premier Ordre-de marche ſtribord. Il eſt vrai que cette maniere met beaucoup l'Armée ſous-le vent ; mais on ne reduit pas l'Armée au premier Ordre-de marche pour tenir le vent ; & quelquefois on a plus beſoin de ménager le temps que le vent : & en ce cas il eſt évident que la derniere méthode eſt préférable à la précédente , qui demande un temps aſſez conſidérable.

§. II.

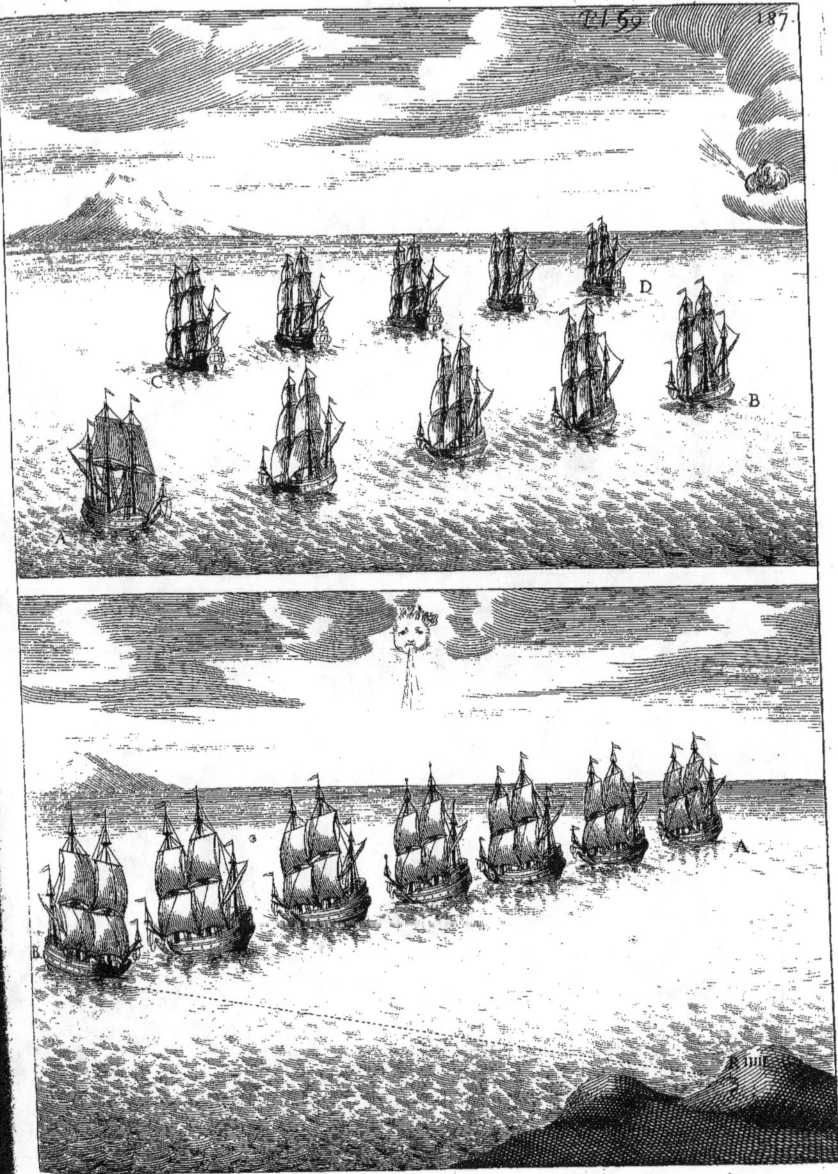
D
C
B
A
B
A

B
C
D
A
C
A
B

§. II.

Changer l'Ordre-de bataille avec le second Ordre-de marche.

SOit l'Armée A B rangée en Ordre-de bataille fur la ligne A B, Planc. 60. & qu'il faille la mettre fur la perpendiculaire du vent B C : la queuë B mettra en pane, & tous les autres Vaiffeaux courront vent-arriere, jufques à ce qu'ils puiffent mettre fucceffivement en pane fur la ligne B C.

Remarque 1.

Cette maniere eft tres-fimple, & elle ne peut être fujette à nulle confufion, pourveu que les Vaiffeaux qui ne font pas encore en pane, fe tiennent fur des lignes paralleles à la ligne A B qu'ils occupoient avant l'Evolution.

Remarque 2.

On pourroit faire courir la queuë B fur la perpendiculaire du vent, Figur. 2. & le refte de l'Armée courant largue de quatre rumbs ftribord, vien- *Autre ma-niere.* droit fucceffivement dans fes eaux. J'avoüe même que cette maniere eft plus exacte, & plus réguliere que la précédente; mais elle eft extrémement longue, & elle met l'Armée beaucoup fous-le vent.

Remarque 3.

Afin que l'Armée tombe moins fous-le vent, quelques-uns veü- *Autre ma-niere.* lent que la tête A coure fur la perpendiculaire du vent, & que le refte de l'Armée porte au plus-prés, pour fe mettre fucceffivement dans fes eaux. On ne peut pas nier que cette méthode ne foit plus exacte que les deux autres ; mais je ne la confeillerois pas dans la pratique, parce qu'elle eft d'une longueur exceffive. D'ailleurs comme l'on ne range gueres l'Armée fur la perpendiculaire du vent pour aller au plus-prés, je ne penfe pas qu'il faille fe mettre beaucoup en peine de conferver l'avantage du vent.

Remarque 4.

Enfin on peut changer une circonftance dans la premiere métho-de ; c'eft de faire courir la queuë B au plus-prés, & les autres Vaif-feaux vent-arriere, jufques à ce qu'étant à fon égard fur la perpendi-culaire du vent, ils porteront de même au plus-prés. L'Evolution fe-roit plus prompte, & mettroit l'Armée plus au-vent : mais elle feroit moins fimple.

S ij   §. III.

§.   111.

Changer l'Ordre-de bataille avec le troisiéme Ordre-de marche.

Planc. 61. SOit l'Armée AB ; pour la faire paſſer au troiſiéme Ordre-de marche, la queuë B viendra au plus-prés ſtribord , & le reſte de l'Armée ſe mettra ſucceſſivement dans ſes eaux, juſques à ce que le milieu de l'Armée ſoit au point B ; alors l'Armée ſera rangée comme on demandoit.

Remarque   1.

Quand le vent change On change ſouvent l'Ordre-de bataille avec le troiſiéme Ordre-de marche, parceque le vent change & vient de l'arriere : alors on peut remettre l'Armée en Ordre-de bataille par rapport au vent qui eſt ſurvenu ; aprés quoi on aura recours à l'Evolution précédente. Cette maniere ſeroit d'une longueur exceſſive , & on ne doit pas s'y tenir.

Remarque   2.

Figur. 2. **Autre maniere.** Soit donc l'Armée AB en Ordre-de bataille du vent C , & que le vent vienne de l'arriere à D : afin de mettre l'Armée ſur l'angle obtus ACD, le Général G fera vent-arriere avec tous les Vaiſſeaux qui ſont trop au-vent, & les Vaiſſeaux qui ſont trop ſous-le vent mettront en pane, & feront enſuite ſervir à meſure qu'ils ſe trouveront ſur la ligne du plus-prés avec le Général. Puis quand tous les Vaiſſeaux qui étoient ſous-le vent ſont rangez , ils mettent en pane, & les autres continuent de courir autant qu'il eſt néceſſaire, pour ſe poſter à l'égard du Général comme il convient.

Remarque   3.

Il ſemble que cette maniere n'eſt pas exacte dans la théorie : parce qu'elle ne détermine pas aſſez clairement le poſte de chaque Vaiſſeau durant tout le mouvement : neanmoins il faut s'y tenir dans la pratique, & on trouvera que le poſte de chaque Vaiſſeau eſt toûjours déterminé, ſi on fait réflexion que les Vaiſſeaux qui courent d'abord avec le Général, doivent ſe tenir dans la même ligne, juſques à ce qu'ils mettent en pane ſucceſſivement ſur la ligne du plus-prés ſtribord, s'ils ſont à droite du Général, ou ſur la ligne du plus-prés basbord, s'ils ſont à ſa gauche.

§. IV.

Pl. 61.
B
A B
B
A
Douchet Fecit

E
C
B
A
D
G
S. 111

Pl. 62.

§. IV.

Changer l'Ordre-de bataille avec le quatriéme Ordre-de marche.

ON fait premierement paſſer l'Armée au troiſiéme Ordre-de mar-che : enſuite on fait l'Evolution que nous donnerons plus bas, pour changer le troiſiéme Ordre-de marche avec le quatriéme.

§. V.

Changer l'Ordre-de bataille avec le cinquiéme Ordre-de marche.

SOit l'Armée A B F rangée en Ordre-de bataille , & qu'il faille la mettre ſur trois colomnes du même bord. L'Eſcadre A B revi-rera toute en même temps , & le reſte de l'Armée continuëra ſa bor-dée , juſques à ce que la tête C venant au point H , trouve par ſon travers la tête A , qui ſera au point I ; alors l'Eſcadre C D qui ſera ſur H T , revirera toute en même temps , & courra comme l'Eſcadre A B , juſques à ce qu'elles ſoient l'une & l'autre par le travers de l'Eſ-cadre E F ; alors les Eſcadres A B , C D qui ſeront ſur O P , N R , re-vireront toutes en même temps , & l'Armée ſera rangée ſur les Co-lomnes O P , N R , M V. Planc. 62.

Remarque 1.

Cette maniere eſt également exacte dans la pratique , & dans la théorie , en ſuppoſant que les Colomnes vont également vîte. Car puiſque l'angle H A I eſt de quatre rumbs , & que les lignes H A I ſont égales à la longueur d'une Colomne , la ligne H I ſera égale à la di-ſtance que doivent avoir les Colomnes , comme nous l'avons démon-tré dans le §. où nous avons appris à former ce cinquiéme Ordre.

Remarque 2.

L'Evolution eſt aſſez prompte ; car elle ſe fera dans le temps qui ſera néceſſaire au Vaiſſeau E , pour parcourir la ligne E M qui n'eſt qu'un peu plus du tiers de la longueur A F.

Remarque 3.

Planc. 63. Si c'eſt le changement du vent qui oblige le Général de mettre ſon Armée ſur trois Colomnes : la tête A qui eſt ſous-le vent, viendra au plus-prés, & le reſte de l'Armée ſe mettra ſucceſſivement dans ſes eaux, juſques à ce que le milieu de l'Armée ſoit au point A ; alors l'Eſcadre A B qui ſe trouve ſur L G, revire toute en même temps , & on achéve l'Evolution comme la précédente.

Remarque 4.

Si la queüe F étoit ſous-le vent , elle feroit la même maneuvre que la tête A ; mais ſi on ne vouloit pas renverſer l'ordre des têtes & des queües , la queüe F au lieu de porter au plus-prés , courroit largue de quatre rumbs. Voyez le §. vi.

Remarque 5.

On voit par les choſes que nous avons remarqué dans l'Evolution précédente , que celle-cy eſt fort exacte : car elle ne différe de celle-là que par le temps que la tête A emploie à parcourir la ligne A G. Elle eſt beaucoup moins prompte que la précédente , & on en pourroit *Avantages de l'Evolution.* trouver de plus courtes : mais elles ſeroient moins ſimples , & moins générales. D'ailleurs l'Armée ne perd pas le temps , puiſque les Eſcadres qui doivent faire les Colomnes du vent , vont toûjours au plus-prés.

Remarque 6.

Si on apprehendoit que l'Eſcadre A B, aprés avoir reviré toute en même temps , ne courût ſur l'Eſcadre E F à cauſe de la petiteſſe de l'angle F A G, la tête A courroit à l'autre bord ; & ſi on vouloit qu'elle courût ſtribord, la tête A courroit ſi long-temps ſur la ligne A G avant que de revirer , que la queüe B ne ſeroit pas en danger de couper l'Eſcadre E F , lorſque l'Eſcadre A B revireroit toute en même temps.

Remarque 7.

Je penſe que ces deux manieres ſuffiſent pour changer la ligne-de combat en trois Colomnes : mais comme ce changement ſe pratique tous les jours dans les Armées Navales, on ſera bien aiſe de voir comment en même temps qu'on change la ligne-de combat en trois Colomnes , on peut diſpoſer les trois Eſcadres de toutes les manieres qu'on ſouhaitera , & c'eſt ce que nous allons expliquer dans le §. ſuivant.

§. VI.

Pl.63.
C
I
N
G H M L R A
R
B
C
E

Tl. 64. 202.
A
B
R C
L
I D
E
K

§. VI.

Autre maniere de changer l'Ordre-de bataille en trois Colomnes.

SOit donc l'Armée A F rangée en ligne-de combat, je dis qu'on pourra la mettre fur trois Colomnes de telle maniere qu'on mettra au-vent, où fous-le vent, ou au milieu l'Efcadre qu'on voudra.

I.

Mettre l'Efcadre du milieu fous-le vent.

Si on veut que l'Efcadre C D qui eft au milieu de la ligne, faffe la Colomne fous-le vent : l'Efcadre A B revirera toute en même temps, l'Efcadre C D arrivera de huit rumbs, & l'Efcadre E F continuera fa bordée à ftribord. De cette maniere l'Armée fera bien-tôt fur les trois Colomnes L K, C D, R I. *(Planc. 64.)*

Remarque 1.

Les Efcadres A B, E F forceront de voiles, afin que l'Evolution fe faffe plus vîte, & afin que l'Efcadre C D ne s'éloigne pas trop : pour la même raifon l'Efcadre C D ira à petites voiles, & mettra même en pane s'il eft néceffaire pour donner le temps aux deux autres de gagner leur pofte.

Remarque 2.

Si aprés l'Evolution les diftances des Colomnes ne fe trouvent pas tout à fait conformes aux régles que nous avons données : il fera aifé aux Colomnes qui feront trop au-vent d'arriver, & aux autres de pincer le vent.

Remarque 3.

On pourra faire autrement l'Evolution en mettant l'Efcadre A B en pane, tandis que l'Efcadre C D courra largue de quatre rumbs, & l'Efcadre E F largue de deux rumbs, juques à ce que l'une & l'autre ait élongé l'Efcadre A B. On trouvera quelques avantages dans cette Evolution. 1. Les diftances des Colomnes fe détermineront plus régulierement. 2. L'Efcadre A B ne fera pas obligée de revirer deux fois. Nous avons préféré la maniere précédente, parce qu'elle eft plus prompte, & qu'elle met l'Armée plus au-vent : ce qui n'empêche pas qu'en certains cas on ne puiffe recourir à celle-ci. *(Autre maniere.)*

II.

II.

Mettre le Corps-de-bataille au-vent.

Planc. 65. Si on veut que l'Escadre C D fasse la Colomne du-vent , & que l'Escadre A B soit au milieu : l'Escadre C D met en pane , & l'Escadre A B court largue de six rumbs stribord, pour se rendre sur HI, tandis que l'Escadre E F court largue de quatre rumbs bas-bord , pour occuper K L. Ainsi l'Armée sera bien-tôt sur les lignes C D, HI, K L , comme on le souhaitoit.

Remarque   1.

L'Escadre EF forcera de voiles, pour rendre l'Evolution plus prompte , & afin que sa tête E ne soit pas coupée par la queuë B de l'Escadre A B , qui pour la même raison ira à petites voiles. Les distances des Colomnes seront exactement déterminées par l'Escadre C D ; car quand les deux autres auront gagné son travers par le rumb qu'on leur a assigné , elles seront à la distance requise.

Remarque   2.

Autre manière. On peut faire autrement la même Evolution , si l'Escadre A B arrive de huit rumbs bas-bord, tandis que l'Escadre C D continuant sa bordée , occupera la ligne A B, & l'Escadre E F arrivant de deux rumbs bas-bord, gagnera le travers des deux autres. Il faut que l'Escadre E F force de voiles , afin qu'elle ne rencontre pas l'Escadre AB : & pour la même raison l'Escadre A B ira à petites voiles.

Remarque   3.

Il semble que cette seconde maniere a un grand avantage sur la précédente , parce qu'elle met l'Armée plus au-vent : neanmoins je ne pense pas qu'on en doive user sans de grandes raisons. 1. Elle est extrêmement lente , exigeant tout le temps qui sera nécessaire au Vaisseau E , pour parcourir une ligne beaucoup plus longue que E A. 2. La distance des Colomnes est fort indéterminée , n'y aiant rien qui puisse fixer la ligne où l'Escadre A B doit s'arrêter. 3. L'Evolution seroit moins simple , plus embarrassée , & composée de mouvemens moins uniformes.

III.

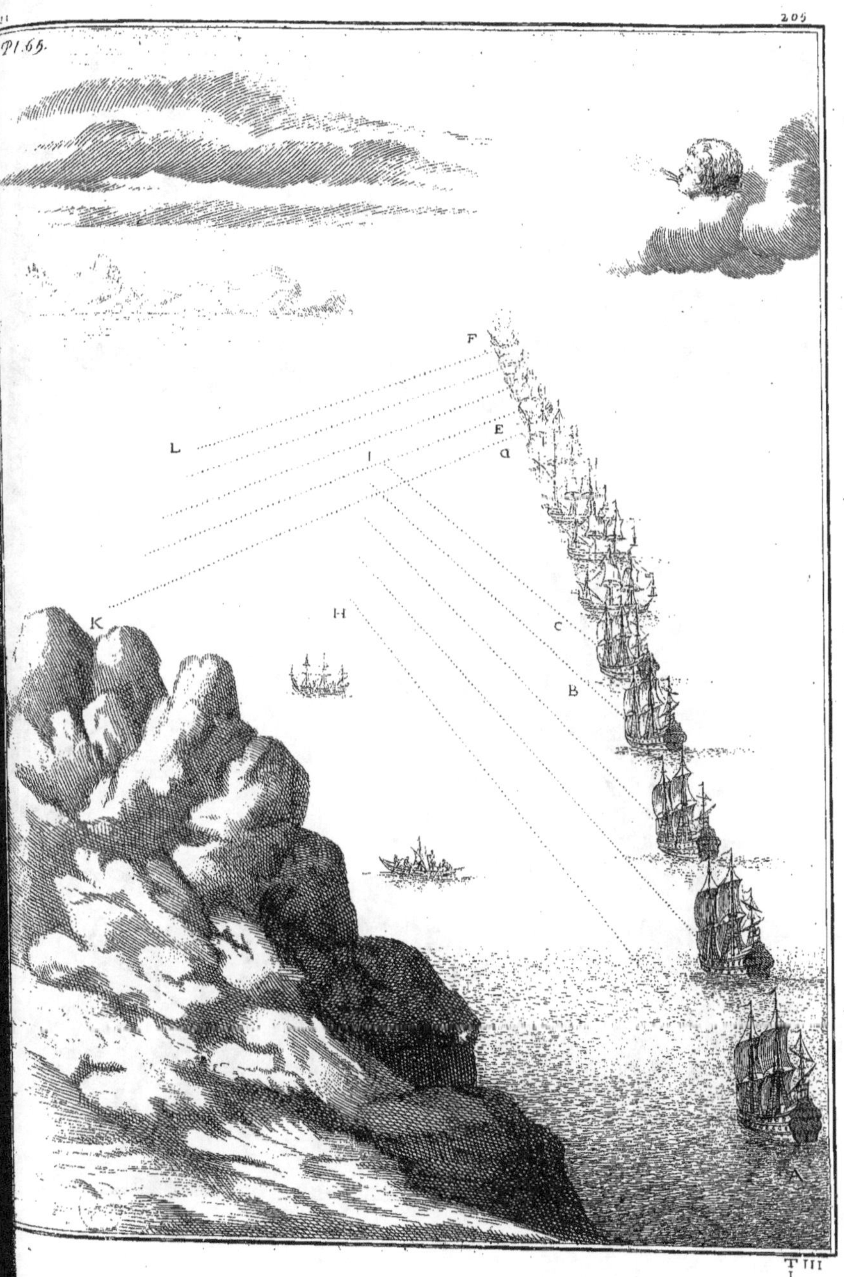
Pl. 65.
F
E
D
L
I
C
B
K
H
A
T III

208
Pl.66.
T. III
4

III.

Mettre l'Avant-garde au milieu, & mettre l'Arriere-garde au-vent.

Si on veut que l'Escadre A B fasse la Colomne du milieu, & l'Es- Planc. 66. cadre E F celle du-vent. Les Escadres A B, E F mettront en pane, tandis que l'Escadre C D courra largue de huit rumbs stribord : puis quand l'Escadre C D aura couru la longueur d'un cable, les deux autres feront servir, & l'Escadre E F courra au plus-prés stribord, tandis que l'Escadre A B courra largue de six rumbs bas-bord. Ainsi quand les trois Escadres se seront élongées, l'Armée se trouvera sur les trois Colomnes C D, H I, K L.

Remarque 1.

Cette Evolution a deux defauts considérables. 1. La distance des Colomnes n'est pas déterminée ; car il n'y a rien qui fixe la ligne K L surquoi l'Escadre C D doit s'arrêter. 2. L'Armée tombe beaucoup sous-le vent, à cause du temps que l'Escadre E F demeure en pane. On pourra remédier au premier defaut, si aprés l'Evolution les Colomnes qui seront trop au-vent, larguent un peu plus que les autres : on remédiera aussi en quelque maniere au second, si on ne met l'Escadre E F en pane qu'un moment, pour attendre que l'Escadre C D lui ait laissé sa place vuide.

Remarque 2.

On pourra faire la même maneuvre d'une autre maniere. Les Es- *Autre maniere.* cadres A B, C D courront vent-arriere, & l'Escadre E F au plus-prés stribord ; puis quand l'Escadre E F aura élongé l'Escadre C D, celle-ci viendra au-vent de huit rumbs stribord, & l'Escadre A B mettra en pane, jusques à ce que les deux autres l'aient élongée.

Remarque 3.

Cette seconde maniere met l'Armée un peu plus au-vent, & détermine mieux la distance des Colomnes. Ainsi je consens qu'on la préfere à la précédente, quoi qu'elle ne soit pas si uniforme. Il faut observer dans l'une & dans l'autre Evolution, que l'Escadre E F force de voiles, afin de rendre la maneuvre plus prompte.

T iiiij   I V.

IV.

Mettre l'Arriere-garde au-vent, & l'Avant-garde sous-le vent.

Planc. 67. Si on veut que l'Escadre E F fasse la Colomne du-vent, & que l'Escadre A B soit sous-le vent. L'Escadre A B courra largue de huit rumbs bas-bord, & les deux autres mettront en pane, jusques à ce qu'elle ait couru la longueur d'un cable : alors les Escadres C D, E F feront servir, l'Escadre C D courra largue de huit rumbs stribord pour gagner H I, & l'Escadre E F courra au plus-prés stribord pour gagner C D. Ainsi les trois Escadres s'étant élongé sur les Colomnes C D, H I, K L, mettront l'Armée de la maniere qu'on demandoit.

Remarque 1.

La distance des Colomnes A B, E F sera suffisamment déterminée par les rumbs de vent qu'elles tiendront, jusques à ce qu'elles soient par le travers de l'Escadre C D : c'est pourquoi l'Escadre C D n'aura qu'à se mettre au milieu des deux autres, pour déterminer exactement la distance des trois Colomnes.

Remarque 2.

Autre maniere. Pour faire la même Evolution d'une maniere plus uniforme : l'Escadre E F mettra en pane, & les deux autres courront largue de six rumbs bas-bord, jusques à ce qu'elles soient par le travers de l'Escadre E F ; ce qui mettra l'Armée comme on vouloit.

Remarque 3.

Cette seconde maniere seroit sans doute préférable à la précédente, si elle ne mettoit trop l'Armée sous-le vent : car elle est tres-simple, & tres-prompte, & on ne peut nier qu'en plusieurs rencontres il ne faille s'en servir, sur tout quand on n'a pas un si grand besoin de conserver l'avantage du vent.

Pl. 62
A
B
C
D
E
F
G
H
I
K
L
L
Dovichet Secit

214
Pl.62.
F
E
G
D
C
B
I
L
H
K
V
2

V.

Mettre le Corps-de bataille au-vent , & l'Avant-garde
sous-le vent.

Si on veut que l'Escadre C D fasse la Colomne du-vent, & que Planc. 68.
l'Escadre A B soit sous-le vent. L'Escadre C D mettra en pane, &
l'Escadre A B courra largue de huit rumbs bas-bord , pour se rendre à
toutes voiles sur la ligne K L , tandis que l'Escadre E F gagnera à
petites voiles la ligne H I , en larguant de deux rumbs stribord. Ainsi
l'Armée se trouvera sur les trois Colomnes C D, H I, K L, dans l'Ordre qu'on avoit demandé.

Remarque 1.

Nous avons voulu que l'Escadre A B courût à toutes voiles , afin
que l'Evolution se fît plus promptement ; mais il a fallu que l'Escadre
E F ménageât ses voiles pour ne pas être coupée par l'Escadre A B.
La distance des Colomnes sera déterminée par le rumb de vent qui
porte les deux Escadres A B, E F, jusques à ce qu'elles soient par le
travers de l'Escadre C D.

Remarque 2.

Pour faire autrement l'Evolution ; l'Escadre A B arrivera de huit *Autre ma-*
rumbs stribord, & les deux autres courront au plus-prés, jusques à *niere.*
ce qu'elles aient élongé l'Escadre A B ; alors l'Escadre A B, & l'Escadre C D mettront en pane , & l'Escadre E F aiant arrivé de deux
rumbs, se postera au milieu des deux autres, & les élongera.

Remarque 3.

La distance de l'Escadre A B n'est pas tout à fait déterminée par
cette seconde Evolution : mais d'ailleurs elle est si simple & si uniforme , que plusieurs personnes la prefereront à la précédente : je
pense du moins qu'en bien des rencontres on la mettra en pratique ,
quand on ne sera pas pressé ; car elle ne céde à l'autre qu'en ce qu'elle
est un peu moins prompte.

§. VII.

Changer l'Ordre-de bataille en trois Colomnes de l'autre bord.

IUfques ici nous avons changé l'Ordre-de bataille en trois Colom-' nes, de telle maniere que les Colomnes étoient fur la ligne du plus-prés, que l'Armée occupoit dans l'Ordre-de bataille. Il faut à préfent que les trois Colomnes foient fur l'autre ligne du plus-prés.

Planc. 69.   Soit donc l'Armée A F rangée en ligne-de combat bas-bord ; pour la mettre fur trois Colomnes ftribord, la tête A revirera, & tout le refte de l'Armée fuivra par la contre-marche : puis quand la tête C venant au point G, fe trouvera par le travers de la tête A qui fera au point H, la tête C revirera, & le refte de l'Armée fuivra par la contre-marche. Enfin quand la tête E fera au point I, par le travers des deux autres qui feront aux points L, M, la rête E revirera auffi avec fon Efcadre par la contre-marche, & l'Armée fera rangée comme on le fouhaitoit fur les Colomnes M P, L O, I N.

Remarque 1.

Avantages de cette Evolution.   La diftance des Colomnes fera tres-exaɛte ; car puifque l'angle G A H eft de quatre rumbs, & que les lignes G A H font égales à la longueur d'une Colomne A B, la ligne G H fera la diftance réguliere des Colomnes, comme nous l'avons démontré plus haut. Au refte cette Evolution eft tres-prompte, ne demandant que le temps nécef-faire au Vaiffeau A, pour parcourir la ligne A P un peu plus longue que la moitié de l'Armée : elle eft tres-fimple, & tres-uniforme, puifqu'il ne faut nulle autre maneuvre, que revirer chacun dans les eaux de la tête de fon Efcadre, & pour ce qui eft des lieux où les têtes C, E doivent revirer, ils font fi nettement déterminez qu'il n'eft pas poffible de s'y méprendre.

Remarque 2.

On pourroit donner des voyes pour changer en même temps l'ar-rangement des Efcadres ; mais parceque quelques-unes feroient trop embarraffées, nous croions qu'on peut recourir aux précédentes, & faire enfuite revirer les Colomnes par la contre-marche comme nous dirons plus bas.

F
E
D
C
N
O
P
L
M
H

M
N
O
I H F
L E D
C
B
V. IIII
4

Remarque 3.

Si c'eft le changement du vent qui oblige le Général de mettre fon *Quand le vent change*
Armée fur trois Colomnes d'un autre bord, il peut y avoir deux cas.

Premier cas.

Si la tête A fe trouve fous-le vent du refte de l'Armée, elle vien- *Planc. 70.*
dra au plus-prés, & on fe mettra fucceffivement dans fes eaux : puis
quand la moitié de l'Armée aura paffé le point A, on la mettra fur
trois Colomnes par l'Evolution précédente, ou par celle que nous
avons donné au commencement du §. 1V.

Second cas.

Si aprés le changement du vent, la tête A étoit fi fort au-vent
que le refte de l'Armée ne pût pas fe mettre dans fes eaux : on ren-
verferoit l'Ordre des têtes & des queuës, & on prendroit la queuë F
pour la tête de l'Armée.

Remarque 4.

Si dans ce fecond cas on ne vouloit pas renverfer l'Ordre des têtes, & des queuës, on pourroit recourir à la maniere fuivante.

Soit l'Armée A B en ligne-de combat du vent C, & que le vent
fe change en D en venant de deux rumbs de l'Avant. La queuë
F courra largue de quatre rumbs bas-bord, & fon Efcadre fe mettra
fucceffivement dans fes eaux : le refte de l'Armée mettra en pane.
Puis quand la queuë F étant au point H aura mis par fon travers
la queuë D, celle-ci courra comme la queuë F, & fon Efcadre fuivra de même, jufques à ce que les queuës F, D viennent aux points
I, L, où elles trouveront la queuë B par leur travers : alors la queuë
B courra comme les deux autres, & quand fon Efcadre fe fera mis
dans fes eaux, l'Armée fera fur les Colomnes B O, L N, I M.

Remarque 5.

Quand l'angle A F M eft de huit rumbs, les trois queuës courent
en même temps largue de quatre rumbs ; mais fi l'angle A F M eft
de plus de huit rumbs, la queuë B court avant les deux autres. Pour
ce qui eft de la diftance des Colomnes, elle eft à peu prés exacte.

§. VIII.

Changer l'Ordre-de bataille en Ordre-de retraite.

Planc. 71. SOit l'Armée DF rangée en ligne-de combat ; pour la mettre en Ordre-de retraite, la tête D arrivera de quatre rumbs courant fur la ligne DE, & le refte de l'Armée fe mettra fucceffivement dans fes eaux, jufques à ce que le milieu de l'Armée foit au point D.

Remarque 1.

Quand le vent change. Si le Général eft obligé de mettre fon Armée dans l'Ordre-de retraite, parceque le vent à changé, on pourra commencer par rétablir l'Ordre-de bataille, pour le changer aprés en Ordre-de retraite comme nous venons de dire. Cette maniere eft un peu longue ; mais fouvent il faudra prendre ce parti, pour amufer l'ennemi, & ne lui pas fi-tôt faire connoître le deffein qu'on a de fuïr.

Remarque 2.

Figur. 2. Pour faire la même Evolution d'une maniere plus courte, quand le vent faute de C en D : le Vaiffeau F qui eft fous-le vent courra largue de quatre rumbs ftribord fur la ligne FI. Puis quand la moitié de l'Armée fera fur la ligne FI, cette moitié viendra au plus-prés, & le refte fe mettra dans les eaux du Vaiffeau qui courra fur la ligne FH, & bien-tôt l'Armée fe trouvera fur l'angle obtus FHL, comme on le demandoit.

Remarque 3.

Nous commençons l'Evolution par le Vaiffeau F qui eft fous-le vent, parceque quelquefois l'Armée ne pourroit pas fe mettre dans les eaux de la tête A fi elle étoit au-vent, & d'ailleurs dans l'Ordre-de retraite on ne cherche pas de tenir le vent. Au refte cette maniere eft tres-fimple, & tres-exacte, elle eft générale, & ne demande que le temps néceffaire au Vaiffeau F, pour parcourir les lignes FI, FL, ou la longueur de l'Armée.

SECTION

Pl.71.
D
C
D
L
H
I
F
A

226.
Pl. 15.
A
C
B
D
F
E
X2

SECTION SECONDE.

Changer le premier Ordre-de marche.

§. I.

Changer le premier Ordre-de marche en ligne-de combat.

Oit l'Armée A B rangée sur le premier Ordre-de marche ſtri- Planc. 72.
bord ; pour la mettre en Ordre-de bataille , tous les Vaiſſeaux
viendront au-vent ſtribord , & l'Armée ſe trouvera ſur la ligne C D
en ligne-de combat.

Remarque 1.

Si on veut que l'Armée ſe mette en ligne-de combat bas-bord; Figure 2
aprés qu'on ſera venu au-vent ſur la ligne F E , la tête F revirera, &
le reſte ſuivra par la contre-marche.

Remarque 2.

Si le vent change , on rétablira l'Armée ſur l'Ordre-de bataille, Quant le
comme nous l'avons expliqué dans la Partie précédente.   vent changé

§. II.

Changer le premier Ordre-de marche avec les autres Ordres.

Es mêmes régles que nous avons donné pour changer l'Ordre-
de bataille avec les autres , ſervent pour le premier Ordre-de
marche , qui ne differe de la ligne-de combat , que par la route que
les Vaiſſeaux tiennent. Il eſt vrai que les régles que nous donnions
pour l'Ordre-de bataille , ſuppoſent que les Vaiſſeaux portent au
plus-prés ſurquoi ils ſont rangez ; mais il ſera aiſé de ſuppléer
cette circonſtance, & je craindrois de fatiguer mon Lecteur , ſi pour
une choſe ſi légére je repetois ici tout ce que nous venons de dire
dans la Section précédente.

SECTION TROISIE'ME.

Changer le second Ordre-de marche.

§. I.

Changer le second Ordre-de marche en Ordre-de bataille.

Planc. 73. SOit l'Armée AF rangée sur la perpendiculaire du-vent ; on la mettra en ligne-de combat, si la tête A vient au-vent stribord, & que le reste de l'Armée se mette successivement dans ses eaux.

Remarque 1.

Si on veut que le Vaisseau A fasse la tête de l'Armée, & que neanmoins l'Armée se mette en ligne-de combat bas-bord : la tête A ne viendra pas d'abord au plus-prés bas-bord, de peur de tomber sur les Vaisseaux suivans ; mais elle courra quelque temps au plus-prés stribord, & ensuite elle revirera au point I, & toute l'Armée y fera la même maneuvre par la contre-marche.

Remarque 2.

Figure 2.
Quand le vent change Si c'est le changement du vent, qui oblige l'Armée de se mettre en ligne-de combat : la tête A qui est sous-le vent, viendra au plus-prés, & le reste de l'Armée se mettra successivement dans ses eaux. Si la tête A ne peut pas d'abord courir au plus-prés du bord qui convient, elle courra quelque temps sur l'autre, & elle revirera ensuite par la contre-marche comme dans l'Evolution précédente.

Remarque 3.

Quand la tête A est si fort au-vent, que le reste de l'Armée ne peut pas gagner ses eaux : il faut renverser l'ordre des queuës & des têtes, & faire venir au-vent la queuë F à la place de la tête A. Si on vouloit absolument mettre le Vaisseau A à la tête, il faudroit que le Vaisseau F courût largue de quatre rumbs, & que le reste de l'Armée se mît successivement dans ses eaux : mais de cette maniere on tomberoit beaucoup sous-le vent, & il vaudroit beaucoup mieux que la queuë F mît en pane, & que le reste de l'Armée arrivât, pour se mettre à son égard dans la ligne du plus-prés, comme nous avons dit en rétablissant la ligne-de combat, quand le vent vient un peu de l'Avant.

§. II.

Pl: 73.
H
A
F
H
A
I
XII

H
F A G F A
L
H I
A G F
XIIII
4

§. II.

Changer le second Ordre-de marche avec le troifiéme.

POur faire paffer l'Armée A F dans le troifiéme Ordre-de mar-Planc.74. che ; les Aîles A , F mettront en pane , & les autres Vaiffeaux feront vent-arriere, pour venir fucceffivement fe mettre en pane fur les lignes du plus-prés H A, HF.

Remarque 1.

Cette Evolution eft tres-prompte, & elle fera également exacte fi les Vaiffeaux fe tiennent fur des lignes paralleles à la ligne A F , juf- ques à ce qu'ils mettent en pane fur les lignes H A , HF.

Remarque 2.

Si c'eft le vent qui en changeant oblige l'Armée A F de paffer au Figur. 1. troifiéme Ordre-de marche : la tête A qui eft fous-le vent viendra au *Quand le vent change* plus-prés, & le refte de l'Armée fuivra dans fes eaux. Puis quand la moitié de l'Armée fera fur la ligne A I, la partie A I arrivera de qua- tre rumbs , & le refte fe mettra fucceffivement dans les eaux du Gé- néral , qui courra fur la ligne A H. Ainfi l'Armée fera bien-tôt fur l'angle obtus A H L , comme on le fouhaitoit.

Remarque 3.

Si l'angle F A I eft moindre que de quatre rumbs , la tête A courra au plus-prés de l'autre bord ; mais fi on vouloit que la partie A G fût à la droite du Général, ou fur la ligne du plus-prés ftribord ; la tête A courroit quelque temps largue ftribord avant que de venir au plus- prés ; ce qui lui donneroit lieu de courir au plus-prés ftribord , fans tomber fur les Vaiffeaux fuivàns.

§. III.

Changer le second Ordre-de marche avec le quatriéme.

ON commencera par faire paffer l'Armée du fecond Ordre au troifiéme, & du troifiéme elle paffera au quatriéme comme nous dirons plus bas.

X iiiij   §. I V.

§. IV.

Changer le second Ordre-de marche en trois Colomnes.

Planc. 75.   SI on veut mettre l'Armée AF en trois Colomnes ; la tête A vien-dra au plus-prés ftribord, & le refte de l'Armée fe mettra fuc-ceffivement dans fes eaux. Puis quand la moitié de l'Armée aura pafsé le point A, la tête A qui fera au point I revirera, & le refte de l'Armée fuivra par la contre-marche, jufques à ce que la tête C ve-nant au point H, fe trouvera par le travers de la tête A qui fera au point L ; alors la tête C revirera auffi, & le refte de l'Armée fuivra par la contre-marche. Enfin quand la tête E fera au point S par le travers des deux autres, qui feront aux points M, N, elle revirera, & le refte de fon Efcadre s'étant mis dans fes eaux, achevera l'Evo-lution, & on verra l'Armée fur les trois Colomnes N O, M P, S R.

Remarque 1.

Si on vouloit que les Colomnes fuffent rangées fur le plus-prés ftribord, en confervant toûjours l'avantage du vent à l'Efcadre A B ; la tête A courroit quelque temps au plus-prés ftribord, & revireroit enfuite au plus-prés bas-bord, & courroit jufques à ce que la moitié de l'Armée eût reviré ; aprés quoi elle revireroit une feconde fois pour achever l'Evolution comme la précédente.

Remarque 2.

Quand le vent change   Si on met l'Armée fur trois Colomnes parceque le vent change. 1. Quand la tête A ne fera pas fi fort au-vent du refte de l'Armée, qu'on ne puiffe venir dans fes eaux, l'Evolution fe fera comme fi le vent n'avoit pas changé. 2. Si l'Armée ne peut pas fe mettre dans les eaux de la tête A, il faudra renverfer l'ordre des têtes & des queuës, & prendre la queuë F pour la tête A : ou on fera l'Evolution à contre-fens, c'eft-à-dire que les queuës courront largue de quatre rumbs, dans le même ordre que les têtes couroient au plus-prés.

Pl. 74
F
F
E
D
G
C
B
R
P
O
A
S
M
N
H
L
XIIIIII

238
Pl. 76
H
H
D
LI
L

§. V.

Changer le second Ordre-de marche en Ordre-de retraite.

AFin que l'Armée A F passe du second Ordre-de marche à l'Or-Planc. 76, dre-de retraite : le Général G mettra en pane , & le reste de l'Armée fera vent-arriere, pour se mettre successivement en pane sur les lignes G H , qui font les deux lignes du plus-prés.

Remarque 1.

L'Evolution sera exacte , si les Vaisseaux se tiennent sur des lignes paralleles à A F , jusques à ce qu'ils soient en pane sur les lignes G H. Il est vrai que les Vaisseaux seront un peu plus éloignez les uns des autres, quand on les aura postez sur les lignes G H ; mais je pense que les choses n'en iront pas moins bien, & en tout cas on pourra sans peine resserrer l'Armée aprés l'Evolution.

Remarque 2.

Si c'est un changement de vent qui oblige l'Armée de se mettre en Figur. 2, Ordre-de retraite : le Vaisseau A qui est sous-le vent, courra largue de Quand le vent chan-quatre rumbs stribord, & le reste de l'Armée se mettra successivement ge, dans ses eaux, jusques à ce que le Général G soit au point A ; alors la partie A G de l'Armée qui sera sur A I, viendra au plus-prés, & le reste continuera de se mettre dans les eaux du Général, jusques à ce que l'Armée soit sur l'angle obtus A H L en Ordre-de retraite. On fera la même chose pour le Vaisseau F, s'il est sous-le vent de l'Armée.

Remarque 3.

On pourra donc poster la partie A G de l'Armée à droit , ou à gau-che du Général, de quelque maniere que le vent change : en faisant courir le Vaisseau A au plus-prés du bord qu'on voudra donner à la partie A G ; ou en faisant courir le Vaisseau F du bord opposé. Si l'angle H A F est moindre que de quatre rumbs, le Vaisseau G cour-ra quelque temps sur la ligne A I, avec les Vaisseaux qui le précé-dent , avant que de venir au plus-prés. Cette Evolution est la même que celle qu'on a donné pour l'Ordre-de bataille , où nous au-rions renvoié le Lecteur si nous n'avions eu peur de lui faire quel-que peine.

SECTION QUATRIE'ME.

Changer le troiſiéme Ordre-de marche.

I.

Changer le troiſiéme Ordre-de marche en ligne-de combat.

Planc. 77.   SOit l'Armée A G F qu'on veut ranger en ligne-de combat bas-bord ; la partie A G viendra au plus-prés bas-bord , & le reſte courant largue de quatre rumbs, ſe mettra ſucceſſivement dans ſes eaux au point G.

Remarque 1.

On feroit la même choſe pour la partie G F , ſi on vouloit mettre l'Armée ſur la ligne-de combat ſtribord. Cette Evolution eſt tres-ſimple , mais elle ſuppoſe qu'on eſt tres-indifferent pour l'ordre des têtes, & des queuës. Car ſi l'Armée vient au plus-prés ſtribord , le Vaiſſeau F fera la tête de l'Armée , dont il auroit fait la queuë , ſi elle s'étoit mis en ligne-de combat bas-bord.

Remarque 2.

Autre maniere.   Si on veut que l'Armée ſe range en ligne-de combat ſtribord, & que neanmoins le Vaiſſeau A faſſe la tête de l'Armée : la partie A G viendra au plus-prés bas-bord , & le reſte de l'Armée ſuivra dans ſes eaux. Puis le Vaiſſeau A aiant couru quelque temps pour prendre un peu d'aire revirera, & toute l'Armée fera la même choſe par la contre-marche.

Remarque 3.

Figur. 2.
Autre maniere.   L'Evolution ſeroit plus prompte, ſi quand la partie A G de l'Armée eſt venu au plus-prés, le reſte de l'Armée faiſoit vent-arriere , prenant un peu au-vent du côté du Général G , pour ſe mettre ſucceſſivement dans ſes eaux : mais de bonnes raiſons me font préferer la maniere précédente. Car cette ſeconde maniere eſt ſujette à beaucoup d'irrégularité & de confuſion , n'y aiant rien qui détermine le rumb par où les Vaiſſeaux G F doivent ſe rendre ſur la ligne G I : d'ailleurs quand la partie G A de l'Armée eſt venuë au plus-prés, on a les mêmes avantages que ſi on étoit entierement en ligne, ſoit pour diſputer le vent, ſoit pour éviter l'ennemi , ou pour le forcer au combat : ainſi on ne ſera pas fâché d'employer un peu plus de temps à achever l'Evolution, pour la faire par des voyes plus ſimples, plus exactes, & plus uniformes.

Remarque 4.

Autre maniere.   Je penſe qu'on approuvera beaucoup moins la méthode que de tres-habiles gens ont proposée. Ils veulent que quand la partie A G de l'Armée eſt venuë au-vent, le Vaiſſeau D imagine le point H au rumb & à

la

A
F
M. Ogier fecit

A
B
G
H
D
E
F
L
M
I

A
B
C
G
D
H
I
K
F
E
D
G
C
B
A
H
I
M. Ogier fecit Lugd.

la diftance qui convient, & qu'il lui donne chaffe ; que les Vaiffeaux E , F donnent de même chaffe aux points imaginaires L , M. Mais outre l'impoffibilité de fixer fi bien ces points imaginaires qu'on les puiffe relever, outre la longueur réelle de l'operation , on voit fans peine que cette méthode expoferoit l'Armée à mille accidens, que la moindre bévûë feroit naître parmi les Vaiffeaux les mieux dif-ciplinez, & il ne faudroit qu'une méprife d'un feul Vaiffeau, pour rendre l'Evolution irréguliere , ou d'une longueur infupportable.

§. II.

Faire la même Evolution en changeant l'arrangement des Efcadres.

I.

Mettre une des Aîles au milieu, & l'autre à l'Avant-garde.

SI on veut que l'Efcadre A B foit au milieu , & l'Efcadre E F à Planc.78. l'Avant-garde : Les Efcadres A B , C D mettront en pane, la tê-te E courra au plus-prés, & fon Efcadre fuivra dans fes eaux, juf-ques à ce qu'étant fur la ligne H I, elle puiffe arriver vent-arriere fur K L, où elle remettra de nouveau au plus-prés, & le refte de l'Ar-mée viendra dans fes eaux.

I I.

Mettre une Aîle au milieu, & l'autre à l'Arriere-garde.

Si on veut que l'Efcadre A B foit au milieu, & l'Efcadre C D à Figur. 2. l'Avant-garde ; L'Efcadre A B mettra en pane, & l'Efcadre E F cour-ra par les lignes E G C pour la joindre, tandis que l'Efcadre C D aiant couru la longueur d'un cable vent-arriere , portera au plus-prés du côté de l'Efcadre A B, pour occuper H I où elle mettra en pane, jufques à ce que le refte de l'Armée ait arrivé dans fes eaux.

Remarque.

On pourroit faire la même chofe de plufieurs autres manieres, dont quelques-unes paroîtront d'abord plus courtes ; mais la chofe n'eft pas affez importante pour m'y arrêter d'avantage.

III.

Mettre l'Efcadre du milieu à l'Avant-garde , & mettre au milieu l'Efcadre qui devroit faire l'Arriere-garde.

Planc. 79.   Si on veut ranger l'Armée fur le plus-prés du bord fur quoi l'Ef-cadre A B eft rangée ; mais qu'il faille que l'Efcadre C D en faffe l'Avant-garde, & l'Efcadre A B l'Arriere-garde. Les Efcadres C D, E F mettront en pane, la queuë B courra au plus-prés & fon Efca-dre fuivra dans fes eaux, jufques à ce qu'elle puiffe arriver dans les eaux des deux autres Efcadres ; car celles-ci auront fait fervir pour fe ranger fur la ligne A B , aprés que le Vaiffeau A aura pafsé le point B.

Remarque.

On voit clairement que l'Efcadre A B devroit faire l'Avant-gar-de de l'Armée, parce qu'on la range fur le plus-prés, fur quoi l'Ef-cadre A B eft rangée : ainfi on appliquera la même régle à l'Efcadre E F , fi on range l'Armée de l'autre bord.

IV.

Mettre l'Efcadre du milieu à l'Arriere-garde , & mettre au milieu celle qui devroit faire l'Arriere-garde.

Figure 2.   Si on veut que l'Efcadre C D foit à l'Arriere-garde , & l'Efcadre E F au milieu. L'Efcadre C D courra vent-arriere la longueur d'un cable pour fe ranger fur M L , où elle viendra au-vent de quatre rumbs du côté de l'Efcadre E F, pour occuper M I & y mettre en pane. Cependant l'Efcadre A B aiant mis en pane, pour donner le temps à l'Efcadre E F de la joindre , fera fervir avec elle pour courir au plus-prés fur quoi elle eft rangée , jufques à ce qu'elles puiffent ar-river l'une & l'autre dans les eaux de l'Efcadre C D.

Remarque.

On voit de même que l'Efcadre E F feroit à l'Arriere-garde, fi on faifoit l'Evolution fans toucher à l'arrangement des Efcadres : on pourra donc auffi appliquer la même régle à l'Efcadre E F, fi on veut ranger l'Armée fur le plus-prés fur quoi elle fe trouve : & par confé-quent on a tous les cas qui peuvent fe préfenter.

§. III.

Pl. 79.

A
B
C
G
D
E

D
C
L
F
G
A
D
F
G
M
A
L

§. III.

Faire la même Evolution quand le vent change.

SI l'Armée A G F est obligée de passer à l'Ordre-de bataille, par-ceque le vent saute de C à D : le Vaisseau A qui est sous-le-vent de l'Armée, vient au plus-prés sur la ligne A L du bord qui convient, & le reste de l'Armée se met successivement dans ses eaux. Planc. 80.

Remarque 1.

Si l'angle G A L ne contenoit pas du moins quatre rumbs , le Vaisseau A courroit quelque temps largue, avant que de venir au plus-prés , afin de ne pas tomber sur les Vaisseaux A G. Au reste cet-te Evolution est assez longue , puisqu'elle demande tout le temps qui est nécessaire au Vaisseau A pour parcourir une ligne égale à la lon-gueur de l'Armée ; neanmoins nous la préferons à d'autres qu'on pour-roit donner , parce qu'elles ne seroient ni si simples, ni si exactes , ni si uniformes que celle-ci.

Remarque 2.

Quand le vent ne change pas beaucoup , la partie A G se rétablit dans la ligne du plus-prés , & le reste de l'Armée fait la même maneu-vre que le Vaisseau G. Puis quand la partie A G se trouve sur M L qui fait la ligne du plus-prés pour le vent D , on achéve l'Evolution comme si le vent n'avoit pas changé , en faisant venir au-vent la partie A G qui est sur M L , & mettant successivement dans ses eaux le re-ste de l'Armée qui est sur M N. Pour ne pas rendre la chose impos-sible , il faut que le Vaisseau G de l'Armée ne soit pas si fort au-vent, que la partie G F ne puisse se mettre dans ses eaux. Figur. 2.
*Autre ma-
niere.*

Remarque 3.

Si le Vaisseau G est si fort au-vent que les Vaisseaux G F ne puis-sent pas se mettre dans ses eaux ; il faudra rétablir les Vaisseaux G F dans la ligne du plus-prés : & achever ensuite l'Evolution comme dans les maniéres précédentes. Tout cela suppose qu'on veut absolument mettre le Vaisseau A à la tête de l'Armée. *Autre ma-
niere.*

§. IV.

Changer le troisiéme Ordre-de marche avec le second.

Planc. 81.   SI on veut faire paſſer l'Armée AGF du troiſiéme Ordre-de marche au ſecond : une des Aîles A courra ſur la perpendiculaire du vent, & le reſte de l'Armée ſe mettra ſucceſſivement dans ſes eaux.

Remarque 1.

On pourra indifferemment commencer l'Evolution par l'Aîle A, ou par l'Aîle F, ſi des circonſtances particulieres ne déterminent pas l'une ou l'autre : comme par exemple, ſi en commençant par une des deux on portoit mieux à la route, on s'éloignoit plus des dangers &c.

Remarque 2.

Figure 2. *Autre maniere.*   Comme l'Evolution précédente eſt fort longue, on pourra la faire d'une autre maniere, en mettant le Vaiſſeau du milieu G en pane, & faiſant courir le reſte de l'Armée vent-arriere, pour ſe mettre ſucceſſivement en pane ſur la perpendiculaire du vent HGH. Afin d'éviter toute confuſion, les Vaiſſeaux GA, GF ſe tiendront ſur des lignes paralleles aux lignes GA, GF, juſques à ce qu'ils ſoient ſur la ligne HGH. Les diſtances ſeront un peu moindres ſur la ligne HGH; mais nous avons déja remarqué que les choſes n'en iront pas plus mal; parceque les diſtances des Vaiſſeaux ſe doivent prendre par rapport au lit du vent, ou par rapport aux lignes qu'ils décrivent quand ils courent vent-arriere.

Remarque 3.

Quand le vent change.   Si on eſt obligé de faire l'Evolution préſente, parceque le vent change, la choſe n'en ſera pas plus difficile : car il faudra que l'Aîle de l'Armée qui ſe trouvera ſous-le vent, coure ſur la perpendiculaire du vent, & que le reſte de l'Armée ſe mette dans ſes eaux. On pourra auſſi mettre en pane le Vaiſſeau de l'Armée qui eſt plus ſous-le vent, & faire courir les autres vent-arriere, pour les poſter à ſon égard dans la perpendiculaire du vent ; mais il faudroit pour cela que le vent ne changeât gueres.

§. V.

A
G
F
H
G
H
A
Z III
I

O
E
D
F
G
N
P
C
B
H
M
A

§. V.

Changer le troisiéme Ordre-de marche avec le quatriéme.

QUand on voudra mettre l'Armée A G F sur six Colomnes : les Planc. 82. Commandans H, G, I feront vent-arriere, & leurs Matelots suivront à droit & à gauche un peu de l'arriere, & les Vaisseaux qui sont à la droite de chaque Commandant, se mettront successivement dans les eaux du Matelot qui est à sa droite, & de même les Vaisseaux qui sont à la gauche de chaque Commandant se mettront dans les eaux du Matelot qui est à sa gauche. Ainsi les Vaisseaux A H, se mettront dans les eaux du Matelot qui est à la droite du Commandant H, & les Vaisseaux H B se mettront dans les eaux du Matelot qui est à sa gauche.

Remarque 1.

Les Commandans observeront avec soin de se tenir entre eux au rumb de vent qui convient, parce qu'il régle tout l'Ordre : les autres Vaisseaux n'auront qu'à suivre à la file, pour faire l'Evolution avec toute l'exactitude qu'on peut souhaiter , & en fort peu de temps, puisqu'on n'emploiera que le temps nécessaire au Vaisseau A pour parcourir la sixiéme partie de l'Armée.

Remarque 2.

Si c'est le vent qui par son changement oblige l'Armée de se ranger sur six Colomnes : il faut premierement rétablir le troisiéme Ordre, & ensuite faire l'Evolution comme si le vent n'avoit pas changé : car toutes les autres manieres seroient également indéterminées, & difficiles.

Quand le vent change.

Remarque 3.

Si le vent change fort peu, on pourra faire l'Evolution, comme s'il n'avoit point changé ; mais alors les Vaisseaux qui sont trop sous-le vent mettront quelque temps en pane, jusques à ce que ceux qui les précédent, leur aient donné lieu de se mettre dans leurs eaux. Par exemple, si les Vaisseaux B H ne peuvent plus courir sur la ligne B H, pour se poster dans les eaux du Matelot qui est à la droite du Commandant H, ils mettront en pane, jusques à ce que ce Matelot qui fait vent-arriere , soit un peu sous-le vent.

Autre maniere.

Z iiiij   *Remarque*

Remarque 4.

Cette derniere méthode paroît peu exacte dans la spéculation ; mais elle n'est pas moins bonne dans la pratique : il n'est rien de plus aisé que de mettre en pane , & de faire servir un moment aprés , & par conséquent les Vaisseaux qui seront trop sous-le vent gagneront leur poste avec autant de facilité , que ceux qui n'ont qu'à aller à la file dans les eaux les uns des autres.

Remarque 5.

Autre ma-
niere.

Planc.83.

Si on aime mieux rétablir le troisiéme Ordre-de marche , il faut avoir recours à l'Evolution que nous avons indiqué dans la troisiéme Partie , & que nous allons mettre un peu plus au long. Soit donc l'Armée A F G rangée dans le troisiéme Ordre-de marche du vent C , & que le vent saute à D ; le Vaisseau A mettra en pane , & les autres feront vent-arriere pour venir se mettre successivement sur les lignes A I L , qui font les deux lignes du plus-prés pour le vent D.

Remarque 6.

Afin que les Vaisseaux A G soient avec leurs distances naturelles sur la ligne A I , il faut que les angles A G I , A I G soient égaux , & ils seront en effet égaux , si le vent change de quatre rumbs , & que la ligne G I soit le lit du vent D. Si le vent change plus de quatre rumbs , on prendra un peu du côté du Vaisseau A , & si le vent change moins de quatre rumbs , on prendra un peu du côté opposé au Vaisseau A. Pour les Vaisseaux qui sont sur G F , ils courront comme le Vaisseau G , jusques à ce que celui-ci soit en pane sur le point I , alors les Vaisseaux G F prendront quatre rumbs du côté opposé au Vaisseau A , & ils se rendront sur la ligne I L , où ils se trouveront avec les distances requises.

Remarque 7.

Cette Evolution est assez exacte , & on en doit toûjours user pour rétablir le troisiéme Ordre , quand le temps ne permet pas d'avoir recours à celle que nous avons donné plus haut , ou quand le vent ne change qu'environ de quatre rumbs.

§. VI.

F
L
G
I
A
M. Ogier fecit. Lugd.

262
P 194
F
D E
O
P
R
G
N
C
M
B
L
H

§. VI.

Changer le troisiéme Ordre-de-marche en trois Colomnes.

SOit l'Armée A G F qu'on veut mettre sur trois Colomnes : la tête A de l'Escadre A B court au plus-prés stribord, & le reste de l'Armée vient se mettre successivement dans ses eaux. Puis quand la tête C de l'Escadre C D se trouve au point I, par le travers de la tête A qui est au point H, alors la tête C revire & le reste de l'Armée suit dans ses eaux. Enfin quand la tête E de l'Escadre E F se trouve au point N, par le travers des deux autres têtes qui sont aux points M, L, alors la tête E revire aussi, & quand son Escadre s'est mis dans ses eaux, l'Armée est rangée sur les trois Colomnes L R, M P, N O.

Remarque 1.

On suppose trois choses pour cette Evolution. 1. Que l'Escadre A B doit faire la Colomne du-vent. 2. Que les Colomnes doivent être rangées sur le plus-prés stribord. 3. Que les Vaisseaux A, C, E doivent être à la tête des Colomnes. Au reste cette Evolution ne diffère pas de celle que nous avons donné pour la ligne-de-combat ; ainsi il faudra lui appliquer les réflexions que nous y avons faites.

Remarque 2.

Si c'est un changement de vent, qui nous oblige de mettre l'Armée sur trois Colomnes, & que le vent permette à l'Armée de gagner les eaux du Vaisseau A ; on pourra faire l'Evolution comme si le vent n'avoit pas changé, & si les distances ne se trouvent pas régulieres, on les corrigera ensuite. Quand on veut que l'Evolution soit exacte, le Vaisseau A court au plus-prés bas-bord, jusques à ce que la moitié de l'Armée soit dans ses eaux ; alors il revire de bord, & on achéve l'Evolution comme si le vent n'avoit pas changé. Si l'Armée ne peut pas gagner les eaux du Vaisseau A, on rétablit l'Ordre, ou on fait passer l'Armée dans l'Ordre-de bataille, qu'on met ensuite sur trois Colomnes, comme nous avons dit plus haut.

A a ij   Remarque

Remarque 3.

Planc. 85.
Autre ma-
niere.
Quand les Colomnes doivent être rangées sur la ligne du plus-prés surquoi se trouve déja l'Escadre qui doit être au-vent ; alors l'Escadre A B court au plus-prés stribord, & le reste de l'Armée suit dans ses eaux. Puis quand toute l'Escadre C D a passé le point G, l'Escadre A B qui se trouve sur H M, revire toute en même temps, & le reste de l'Armée continuë sa même route. Ensuite quand la tête C venant au point I, trouve la tête A par son travers au point L ; alors l'Escadre C D qui est sur I T revire toute en même temps, & court comme l'Escadre A B, & quand l'Escadre E F continuant sa route a porté sa tête E au point M, l'Armée se trouve sur les Colomnes O P, N R, M S, comme on le souhaitoit.

Remarque 4.

Quand le
vent chan-
ge.
Il sera aisé d'appliquer à cette seconde maniere les précautions que nous avons donné pour la précédente, quand le vent change ; afin que l'Evolution se fasse avec toute l'exactitude qu'on peut desirer.

Remarque 5.

Quand on veut que l'Escadre E F soit au-vent, on lui applique ce que nous avons dit pour l'Escadre A B. S'il faut conserver en même temps l'ordre des têtes & des queües, on n'aura pas plus de difficulté ; mais l'Armée ne pourra pas être tant au-vent : voici donc comment on s'y prendra. Les deux Escadres A B, C D aiant occupé la ligne H G, comme nous avons dit dans la remarque 3. l'Escadre AB larguera toute en même temps de huit rumbs bas-bord, & le reste de l'Armée continuera de se mettre sur la ligne G H, jusques à ce que l'Escadre A B soit par le travers de l'Escadre C D, alors l'Escadre C D courra comme l'Escadre A B, jusques à ce qu'elles soient l'une & l'autre par le travers de l'Escadre E F, qui aura continué de se mettre sur la ligne G H. Ceci n'est rien autre chose que la seconde Evolution de ce §.

Autre ma-
niere.

Remarque 6.

Ces trois manieres fournissent tous les cas qu'on peut rencontrer dans la pratique, soit que le vent change, soit que le vent ne change pas. Je ne pense pas qu'il soit nécessaire que j'entre dans un plus grand détail pour un Ordre qui n'est pas d'un grand usage.

§. VII.

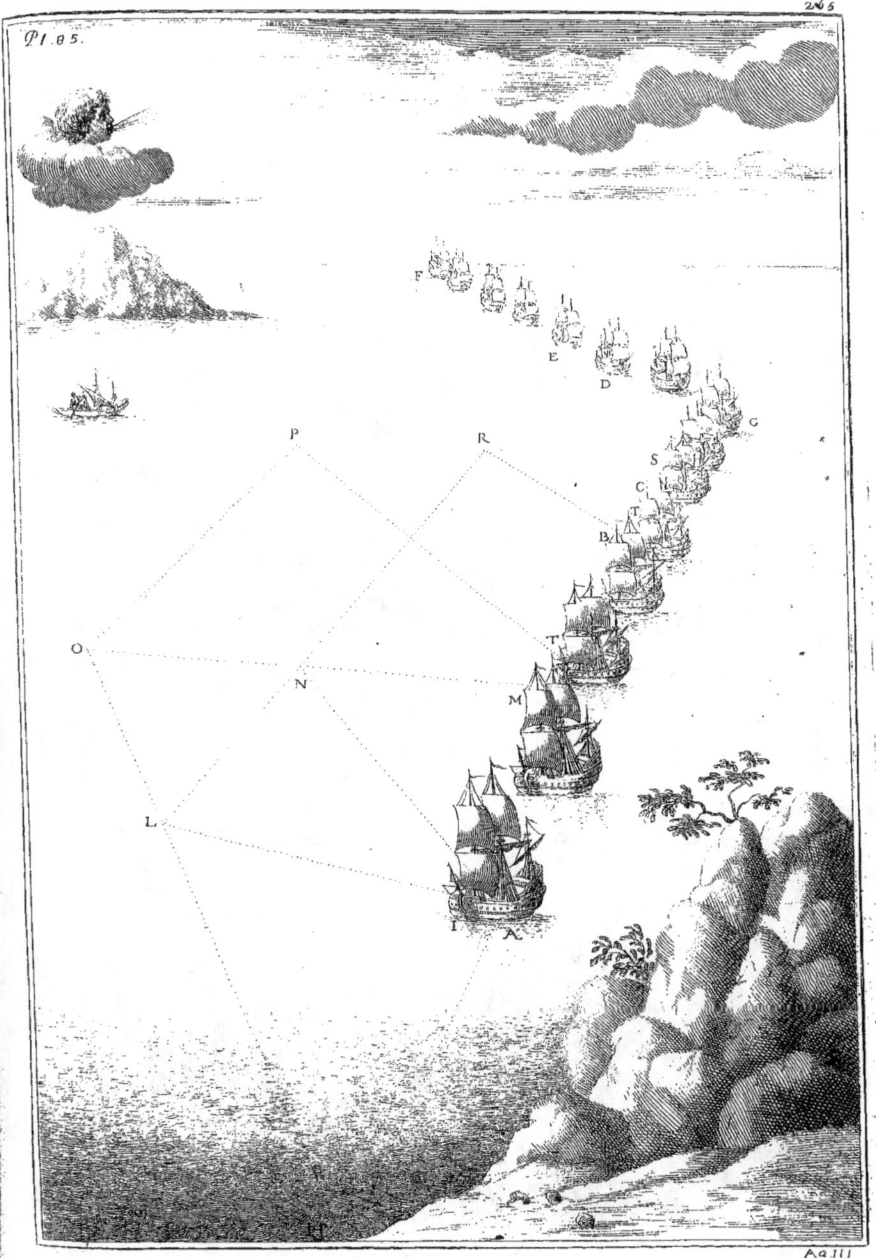
Pl. 85.
F
E
D
G
S
C
T
B
P
R
O
N
M
L
T
I
A

268
Pl. 86
H
A
G
I
F

C
D
L
I
H
E
G
A
Aa III

§. VII.

Changer le troisiéme Ordre-de-marche en Ordre-de-retraite.

SOit l'Armée A G F qu'on veut ranger en Ordre-de-retraite. Le Planc. 86. Vaiſſeau du milieu G mettra en pane, & le reſte de l'Armée ſera vent-arriere, pour venir ſe poſter ſur les deux lignes du plus-prés G I, à la droite & à la gauche du Vaiſſeau G.

Remarque 1.

L'Evolution ſera fort réguliere ſi les Vaiſſeaux G A , G F ont ſoin de ſe tenir ſur des lignes paralleles aux lignes G A , G F, juſques à ce qu'ils ſoient poſtez. Elle ſera auſſi tres-prompte, n'exigeant que le temps néceſſaire au Vaiſſeau A pour parcourir la ligne A I.

Remarque 2.

On pourra faire la même Evolution d'une maniere plus exacte, & *Autre ma-* plus uniforme, & quaſi auſſi courte, ſi une des Aîles A court largue de *niere.* quatre rumbs, du bord oppoſé à celui ſur quoi ſe trouve la partie A G, & que le reſte de l'Armée ſe mette ſucceſſivement dans ſes eaux, juſ- ques à ce que le Vaiſſeau G ſoit au point A.

Remarque 3.

Si c'eſt le vent qui par ſon changement oblige le Général de met- *Figure 2.* tre ſon Armée en Ordre-de-retraite : on pourra comme dans les Evo- *Quand le* lutions précédentes, commencer par rétablir l'Ordre, & enſuite faire *vent chan-* l'Evolution comme ſi le vent n'avoit pas changé. Mais ſi on veut *ge.* faire les choſes d'une maniere également exacte & uniforme : la queüe F qui eſt ſous-le vent courra largue de quatre rumbs ſtribord , & le reſte de l'Armée ſuivra dans ſes eaux, juſques à ce que le Vaiſſeau G ſoit au point A : alors la partie G F de l'Armée qui ſera ſur F I vien- dra au plus-prés, & le reſte s'étant mis dans les eaux du Vaiſſeau G, achevera de poſter l'Armée ſur l'angle obtus F H L.

Remarque 4.

L'Evolution précédente eſt tres-ſimple ; mais comme elle eſt un *Autre ma-* peu longue ; ſi le vent ne change pas beaucoup, il faudra faire l'Evo- *niere.* lution, comme s'il n'avoit pas changé ; il ſera enſuite facile de mettre ſur la ligne du plus-prés la moitié de l'Armée qui n'y ſera pas.

Aa iiiij   SECTION

SECTION CINQUIE'ME.

Changer le quatriéme Ordre-de marche.

§. I.

Changer le quatriéme Ordre-de marche avec le troifiéme.

Planc. 87. SOit l'Armée B A F fur fix Colomnes : on la fera paffer dans le troifiéme Ordre-de marche, fi les Commandans B, A, F mettent en pane, & que les autres Vaiffeaux faffent vent-arriere, pour fe pofter fur les lignes A B, A F.

Remarque 1.

Afin qu'on fe range plus régulierement fur les lignes A B, A F, on prendra deux précautions. 1. Les Matelots des trois Commandans courront vent-arriere, & les autres Vaiffeaux prendront deux rumbs au-vent du côté oppofé à leur Commandant : c'eft-à-dire que les Vaiffeaux qui font à la gauche de leur Commandant, prendront deux rumbs à droite : & ceux qui font à fa droite, prendront deux rumbs à gauche. 2. Chaque Vaiffeau tiendra ceux de fa Colomne, & ceux des autres Colomnes dans le même rumb, jufques à ce que les uns ou les autres foient poftez.

Remarque 2.

Quand le vent chan-ge. Si l'Evolution fe fait parceque le vent a changé, on commencera par rétablir l'Ordre, & on fera enfuite l'Evolution comme fi le vent n'avoit pas changé. Quand le vent ne change pas de plus de fix rumbs, on agira comme fi le vent n'avoit pas changé, aprés que les trois Commandans fe feront poftez, comme il convient pour le vent qui eft furvenu.

§. II.

Changer le quatriéme Ordre-de marche avec les autres Ordres.

ON commence par faire paffer l'Armée dans le troifiéme Ordre-de marche ; aprés quoi on change ce troifiéme comme on le fouhaite. Je conviens que la maneuvre fera de longue durée : mais toutes les autres qui fe préfentent font impraticables.

SECTION

2187
271
B
A
C
D
F

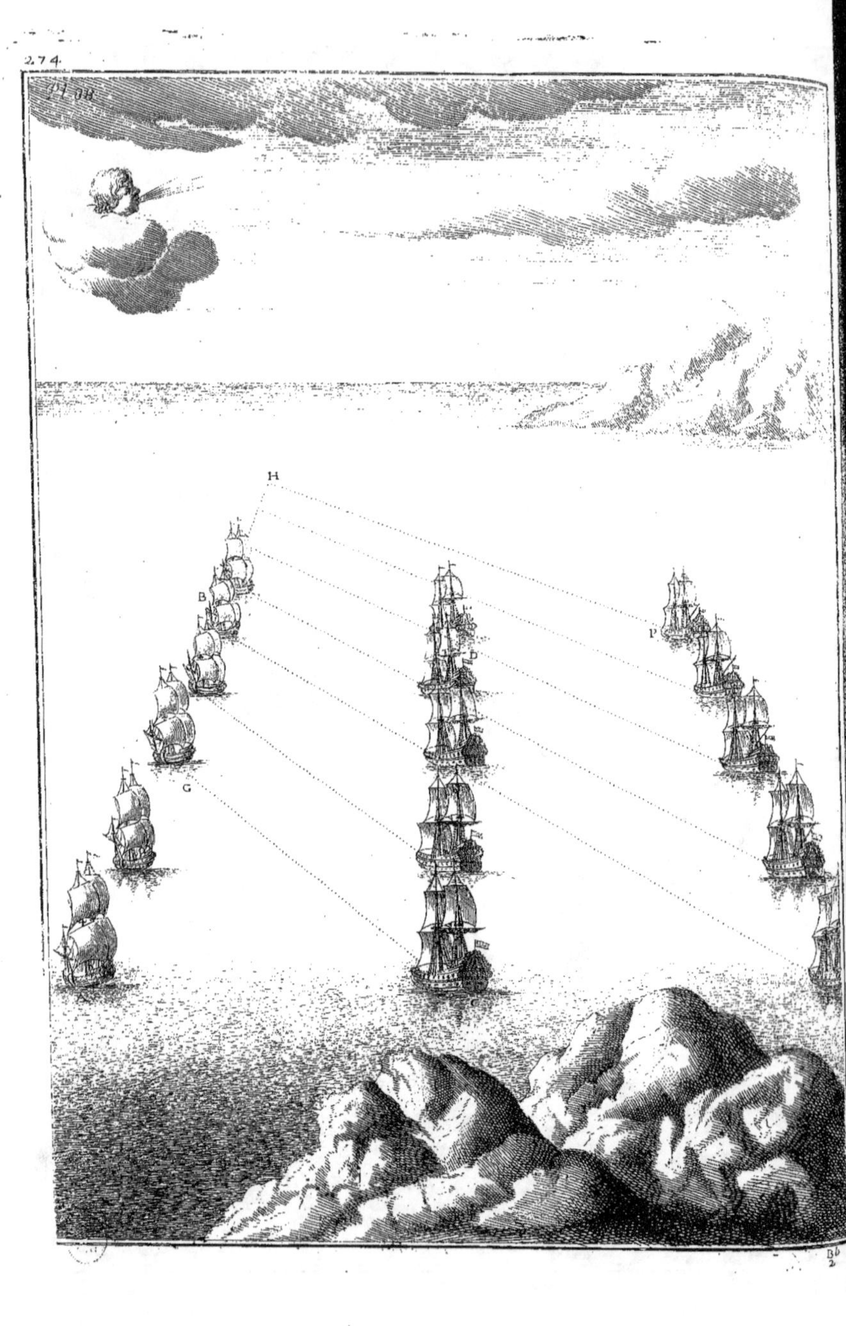

H
B
G
D
P

SECTION SIXIE'ME.

Changer le cinquiéme Ordre-de-marche.

§. I.

*Changer le cinquiéme Ordre-de marche en ligne-de combat
de même bord.*

SOit une Armée rangée fur les trois Colomnes A B, C D, E F, & Planc. 88.
qu'il faille la mettre en ligne-de-combat ftribord. L'Efcadre A B
courra au plus-prés ftribord, & les deux autres aiant reviré toutes en
même temps au plus-prés bas-bord, viendront l'une aprés l'autre fe
mettre dans fes eaux, où elles revireront au plus-prés ftribord.

Remarque 1.

L'Efcadre C D ne coupera pas l'Efcadre A B, parceque les lignes
C G, G B font égales, conformément aux régles des trois Colomnes : ainfi quand le Vaiffeau C viendra au point G, le Vaiffeau B y
aura déja paffé : d'ailleurs l'Efcadre C D pourra un peu larguer fi elle
craint de couper la queuë B. Il faut dire la même chofe de l'Efcadre
E F par rapport à l'Efcadre C D. Les trois Efcadres forceront de voiles, fi elles veulent faire l'Evolution plus vîte ; mais fi rien ne les
preffe, elles pourront la faire à petites voiles.

Remarque 2.

Cette maniere de mettre les trois Colomnes en ligne-de combat
eft la plus fimple, la plus exacte, la plus courte, & la plus uniforme
de toutes celles qu'on a propofées : neanmoins il peut y avoir des circonftances qui obligent le Général d'en choifir quelqu'autre de celles
que nous allons donner, aprés avoir dit en peu de mots ce qu'il faut
ajoûter à l'Evolution, quand on la fait parceque le vent change.

Remarque 3.

Quand le vent change de telle maniere que chaque Efcadre peut *Quand le*
fe mettre dans les eaux de fa tête ; la tête de chaque Colomne vient *vent chan-*
au plus-prés, & le refte s'étant mis dans fes eaux, l'Armée fe trouve *ge.*
en ligne-de-combat, ou elle s'y met fans peine par l'Evolution précédente, comme fi le vent n'avoit pas changé.

Bb ij   Par

Planc. 89. Par exemple, suppofons que l'Armée étoit fur les trois Colomnes A B, C D, E F du vent C qui finit, laiffant fa place au vent D. La tête A courra au plus-prés le long de la ligne A I, & fon Efcadre fe mettra dans fes eaux ; la tête C courra le long de la ligne C H, & la tête E le long de la ligne E G, & leurs Efcadres fe mettront de même dans leurs eaux ; puis les Efcadres C D, E F qui feront fur les lignes C H, E G, aiant reviré toutes en même temps, fe viendront mettre dans les eaux de l'Efcadre A B, qui continuera de courir fur la ligne A I.

Remarque 4.

Si le vent change de huit rumbs, les lignes A I, C H, E G feront une même ligne, & alors les Efcadres C D, E F iront à petites voiles pour ne pas couper l'une l'Efcadre A B, & l'autre l'Efcadre C D. Mais fi le vent changeoit de plus de huit rumbs, les têtes C, E ne courroient pas au plus-prés, mais elles largueroient autant qu'il feroit néceffaire, pour fe mettre dans les eaux de l'Efcadre A B.

Remarque 5.

Quand le vent vient de l'avant de douze rumbs ou davantage; on ne fait que changer les amures & fuivre la régle précédente. Mais s'il ne change pas de plus de fix rumbs, les Colomnes fe rétabliront chacune dans la ligne du plus-prés, & celle qui eft fous-le vent courra au plus-prés du bord fur quoi elle étoit rangée avant le changement, & les deux autres largueront toutes en même temps autant qu'il fera Figur. 2. néceffaire pour fe mettre dans fes eaux. Par exemple, l'Armée étoit fur les trois Colomnes A B, C D, E F, du vent C qui a fauté en D. L'Efcadre A B fe range fur la ligne du plus-prés I B, & les deux autres fur les lignes H D, G F ; puis l'Efcadre A B qui eft fur I B court au plus-prés, & les deux autres courant vent-arriere fe mettent l'une après l'autre dans fes eaux.

Remarque 6.

Quand le vent tournera de plus de fix rumbs, & de moins de douze, on changera les amures, & on maneuvrera comme fi le vent avoit tourné des rumbs qui lui manquent pour aller à douze. Ainfi quand le vent change de huit rumbs on change les amures, & on agit comme s'il avoit tourné de quatre rumbs.

§. 11.

B
A
I
H
D
C
G
F
E
M. Oyier fecit Lond.

D
C
F
B
H
I
G
E
C
A

A
B
C
D
E
G
Boucher Fecit.

§. II.

Autre maniere de faire la même Evolution.

IL y a des circonſtances qui obligent le Général de changer les trois Colomnes en ligne-de combat d'une autre maniere. L'Eſcadre E F met en pane , & les deux autres arrivant de ſix rumbs bas-bord viennent ſe poſter l'une ſur G F , l'autre ſur G H.
Planc. 90.

Remarque.

Cette maniere eſt tres-ſimple , & on s'en peut ſervir quand on n'a pas beſoin de tenir le vent. Neanmoins afin de ne pas renverſer l'ordre des têtes & des queuës , & afin que les Eſcadres conſervent leur rang par rapport au vent, il faut que les Eſcadres A B , C D arrivent de deux rumbs ſtribord pour ſe mettre devant l'Eſcadre E F.

Exemple.

C'eſt ainſi qu'en uſa l'Armée du Roi dans le combat de Beveſier l'an 1690. ſous le commandement du Comte de Tourville Vice-Amiral , & à préſent Maréchal de France. Il y avoit plus de quinze jours qu'il pourſuivoit l'Armée des Alliez , étalant les marées aprés eux , en attendant que le vent lui devînt favorable. Mais le 10. Juillet au point du jour , aiant vû que les ennemis qui étoient au-vent , ſe diſpoſoient à lui donner bataille , il mit ſon Pavillon de combat. Son Armée étoit de ſoixante & dix Vaiſſeaux de ligne diviſez en trois Eſcadres. Le Comte d'Eſtrées Vice-Amiral de France commandoit l'Eſcadre blanche & bleuë , & ſe trouvoit ſous-le vent ; le Comte de Chateaurenaud Lieutenant Général commandoit l'Eſcadre bleuë & étoit au-vent; le Comte de Tourville étoit au milieu avec l'Eſcadre blanche. Cette diſpoſition obligea le Comte de Tourville de donner l'Avant-garde au Comte de Chateaurenaud , & l'Arriere-garde au Comte d'Eſtrées. L'Eſcadre blanche & bleuë mit donc en pane , & les deux autres aiant arrivé ſe rangérent ſur la même ligne avec tant de vîteſſe , d'ordre , & de régularité , qu'on commença de bien augurer de la victoire. Nous attendîmes trois heures les ennemis en cet Ordre ; ils arrivérent fort lentement ſur nous , & la plus grande partie des Anglois tomba ſur nôtre Arriere-garde , où le Comte d'Eſtrés les reçût avec tant de valeur , qu'aprés leur avoir deſemparé pluſieurs Vaiſſeaux , il les contraignit de pincer le vent pour ſe tirer de deſſous ſon feu qu'ils ne pouvoient plus ſoûtenir. Le Vice-Amiral rouge Anglois s'étoit mis avec ſa Diviſion par le travers du Soleil-Roïal monté par le Comte de Tour-

Combat de Beveſier l'an 1690.

Le Comte d'Eſtrées bat les Anglois.

B b iiiij   ville;

ville ; mais l'Anglois aiant été démâté avec un de ses Matelots, &
coulant bas se fit bien-tôt remorquer par toutes les Chaloupes de sa
Division, pour se mettre au large d'un ennemi dont il n'avoit pû
essuier les coups durant une heure. Le Comte de Tourville n'aiant
plus d'ennemis par son travers, força de voiles pour donner sur la
queuë des Holandois, qui combattoient nôtre Avant-garde avec beaucoup d'opiniatreté. Leur tête avoit donné sur le Dauphin-Roïal monté
par le Comte de Chateaurenaud, qui les reçût avec sa valeur ordinaire, foudroiant & desemparant tout ce qui se trouvoit sous son canon. Le Marquis de Villette Lieutenant Général augmenta beaucoup
leur désordre ; car aiant forcé de voiles avec sa Division pour gagner
le vent, il revira sur eux & les obligea de revirer vent-arriere. Comme le vent commençoit de manquer, ils ne pûrent pas se soûtenir, &
ils tomberent sur nôtre Corps-de bataille qui acheva de les defaire, &
couvrit toute la mer de leurs débris. Le Marquis de Nesmon à présent Lieutenant Général prit un Vaisseau aprés l'avoir rasé : le Comte
de Tourville en desempara trois, & il en alloit couper onze en se faisant
remorquer par quinze Chaloupes, si la marée ne se fût opposé à son
glorieux dessein. Les deux Armées moüillérent, & les Alliez profi-
tant les jours suivans d'un broüillard fort épais, jettérent seize de leurs
Vaisseaux desemparez sur les côtes d'Angleterre, & les y brûlérent à
Victoire com-
plette du
Comte de
Tourville. la vûë de nôtre Armée qui les poursuivit jusques aux Dunes, sans
avoir perdu une Chaloupe dans une action si glorieuse : car je ne pen-
se pas qu'on ait jamais remporté sur mer une victoire si complette.

§.   III.

Autre maniere de faire la même Evolution.

Planc. 91. ON pourroit encore mettre l'Escadre C D en pane, & l'Escadre
A B arrivant de deux rumbs stribord se posteroit sur C G ; en
même temps que l'Escadre E F arriveroit de deux rumbs bas-bord
pour se ranger sur D H.

Remarque.

Cette maniere est aussi simple que les deux précédentes, mais elle
met l'Armée plus au-vent que la premiere, & elle est plus courte que
la seconde : neanmoins je ne la préfére pas aux autres, parce qu'elle
fait revirer deux fois l'Escadre qui est sous-le vent.

§. V I.

Pl. 91.
G
E
C
A
F
D
B
M. Ogier fecit.

286
Pl. 22

A
C
D
H
E
G
H
E
D
E
C
B
A

§. IV.

Autre maniere de faire la même Evolution.

ON peut aussi faire courir l'Escadre EF largue de quatre rumbs stribord, & les deux autres courant largue de quatre rumbs bas-bord se mettroient devant l'Escadre EF, l'une sur GH où elle revireroit pour courir largue de quatre rumbs stribord, l'autre sur EI où elle finiroit l'Evolution. Planc. 92.

Remarque 1.

Il ne faut pas craindre que les Escadres ne se coupent, parceque celles qui sont au-vent peuvent plus ou moins arriver : mais ce qui me paroît rendre cette Evolution moins propre que les autres dans la pratique, c'est qu'elle fait revirer deux fois les Escadres. D'ailleurs elle est tres-simple & également prompte.

Remarque 2.

Les quatre Evolutions précédentes conservent le même arrangement des Escadres, mettant à l'Avant-garde l'Escadre du-vent, & à l'Arriere-garde l'Escadre qui étoit sous-le vent ; mais il est quelquefois nécessaire de changer cet arrangement des Escadres, en mettant la Colomne du-vent au Corps-de bataille, ou à l'Arriere-garde &c. Ainsi quoiqu'on puisse absolument se contenter de ce que nous avons donné sur cette matiére dans la seconde Partie : on sera bien aise de voir comment on peut changer l'arrangement des Escadres en changeant l'Ordre, sans rendre l'Evolution plus embarrafsée, ni plus longue.

§. V.

Faire la même Evolution en changeant l'arrangement des Escadres.

I.

Mettre l'Escadre du milieu à l'Arriere-garde, & l'Escadre qui étoit sous-le vent, au milieu.

QUand on veut que l'Escadre EF fasse le Corps-de bataille, & l'Escadre CD l'Arriere-garde. L'Escadre EF met en pane, & l'Escadre AB courant largue de deux rumbs stribord se rend sur EI, tandis que l'Escadre CD court largue de six rumbs bas-bord pour se poster sur FH. Figure 2.

C c ij *Remarque*

Remarque.

On peut faire l'Evolution d'une maniere qui porte l'Armée plus au-
vent. Pour cela il faut que l'Escadre A B mette en pane, & que l'Escadre C D coure largue de quatre rumbs en forçant de voiles, iusques
à ce qu'elle soit dans la même ligne que l'Escadre E F, qui courra au
plus-prés bas-bord ; alors l'Escadre C D courra comme l'Escadre E F,
& elles se mettront l'une & l'autre derriere l'Escadre A B.

I I.

*Mettre l'Escadre du milieu à l'Arriere-garde, & celle du-vent au
Corps-de bataille.*

Planc. 93.   Quand on veut mettre l'Escadre A B au milieu, & l'Escadre C D
à l'Arriere-garde : l'Escadre E F force de voiles au plus-prés stribord,
pour occuper E H où elle met en pane ; en même temps l'Escadre C D
arrive de six rumbs pour se ranger sur F G, & l'Escadre A B arrive de huit rumbs pour se poster sur E F.

Remarque.

Il faut que l'Escadre A B aille à petites voiles, & que les autres
forcent de voiles, afin que l'Escadre A B ne coupe ni l'Escadre C D,
ni l'Escadre E F. On ne doit pas chercher une Evolution qui mette
l'Armée plus au-vent, puisque dans celle-ci l'Escadre E F qui doit faire
l'Avant-garde, court au-vent à toutes voiles.

I I I.

*Mettre la Colomne du-vent au Corps-de bataille, & celle du milieu
à l'Avant-garde.*

Figure 2.   Pour mettre l'Escadre A B au milieu, & l'Escadre C D à la tête :
l'Escadre C D court au plus-prés bas-bord pour occuper C H, & l'Escadre A B court largue de huit rumbs stribord pour se mettre dans ses
eaux ; en même temps l'Escadre E F court largue de deux rumbs stribord pour se ranger derriere l'Escadre A B.

Remarque.

L'Escadre C D doit forcer de voiles, pour ne pas être coupée par
l'Escadre A B, ce qui montre que l'Evolution met l'Armée autant au-
vent qu'il se peut. L'Escadre E F ira à petites voiles, & arrivera même autant qu'il sera nécessaire, pour ne pas trop presser l'Escadre A B,
qui aprés s'être mis sur la ligne C G, viendra au plus-prés & suivra l'Escadre C D.   IV.

Pl. 93.
289

G
E
C
F
D
A
B
H
G
F
E
D
C
A
B
H

IV.

Mettre la Colomne du-vent à l'Arriere-garde, & celle du milieu à l'Avant-garde.

Afin que la Colomne A B fasse l'Arriere-garde, & la Colomne *Planc. 94.* C D l'Avant-garde : l'Escadre E F met en pane, & l'Escadre C D court largue de deux rumbs bas-bord, pour occuper l'espace E G, tandis que l'Escadre A B courant largue de six rumbs stribord gagne l'espace F H.

Remarque.

Puisque l'Evolution ne fait pas courir l'Escadre C D au plus-prés, *Autre maniere.* on en peut trouver une qui mettra l'Armée plus au-vent. Pour cela il faut que l'Escadre C D coure au plus-prés bas-bord, & que l'Escadre E F revire au plus-prés stribord, pour se mettre dans ses eaux : cependant l'Escadre A B mettra en pane, jusques à ce qu'elle puisse arriver vent-arriere dans les eaux de l'une & de l'autre. J'ai préféré la maniere précédente à celle-ci, parceque celle-ci fait revirer deux fois l'Escadre E F, sans quoi elle seroit tres-parfaite.

V.

Mettre la Colomne du-vent au Corps-de bataille, & celle du milieu à l'Arriere-garde.

Quand on voudra que l'Escadre A B soit au milieu, & l'Escadre *Figur. 22.* C D à l'Arriere-garde : l'Escadre E F forcera de voiles au plus-prés stribord pour occuper l'espace E H ; en même temps l'Escadre C D courra largue de six rumbs bas-bord pour occuper l'espace F G, & l'Escadre A B arrivant de huit rumbs stribord, se placera entre deux sur la ligne E F.

Remarque.

On ne pourra pas trouver une maniere qui mette l'Armée plus au-vent, puisque l'Escadre E F force de voiles au plus-prés. L'Escadre C D forcera aussi de voiles pour ne pas être coupée par l'Escadre A B qui se ménagera, afin de ne pas trop presser l'Escadre C D, & de ne pas aussi rendre l'Evolution trop longue.

§. VI.

Mettre les Colomnes en ligne-de combat de l'autre bord.

Planc. 95. POur ranger l'Armée A B, C D, E F, en Ordre-de bataille ſtri-bord ; la tête A revirera avec ſon Eſcadre par la contre-marche, & les deux autres iront revirer de même dans ſes eaux, ſçavoir l'Eſcadre C D au point G, & l'Eſcadre E F au point H.

Remarque 1.

On comprend comment la tête C ſe trouvera préciſément au point A quand la queuë B y aura paſſé ; ſi on fait réflexion que l'angle C G A étant de quatre rumbs, les lignes C G A ſont égales à la ligne A B, & par conſéquent le Vaiſſeau C aura parcouru les lignes CGA, & aura reviré au point G, dans le temps que le Vaiſſeau B aura employé à parcourir la ligne B A, & à revirer au point A. Diſons la même choſe du Vaiſſeau E par rapport au Vaiſſeau D ; ce qui n'empêche pas que dans la pratique le Vaiſſeau C ne doive ſe ménager, pour ne pas trop preſſer le Vaiſſeau B, & pour ne pas auſſi laiſſer un trop grand intervalle entre les Eſcadres.

Remarque 2.

Figur. 2.
Quand le vent chan-ge.

Quand on change l'Ordre parceque le vent a changé, la choſe peut arriver de deux manieres. 1. Si le vent vient de l'arriere, les trois tê-tes mettront au plus-prés, & quand une partie de leurs Eſcadres ſe ſera mis dans leurs eaux, on fera l'Evolution comme ſi le vent n'avoit pas changé ; c'eſt-à-dire que les têtes revireront aux points L, G, H. Nous faiſons courir quelque temps les têtes avant que de revirer, afin que la tête A puiſſe revirer ſans ſe mettre en danger de tomber ſur les Vaiſ-ſeaux de ſon Eſcadre.

Remarque 3.

Afin que l'Evolution ſoit plus exacte, & que les têtes C, D ne laiſſent pas un trop grand eſpace entre les Eſcadres, il faudra que les têtes C, D forcent de voiles, tandis que la tête A courra à petites voiles. Car comme l'angle B A L eſt obtus, les lignes C G L ſeront plus lon-gues que les lignes B A L.

2. Si

H
I
G
E
F
C
D
A
B
C
D
L
G
I
A
B
C
D
E
F
Cc. IIIIII
3
D Oyier fecit.

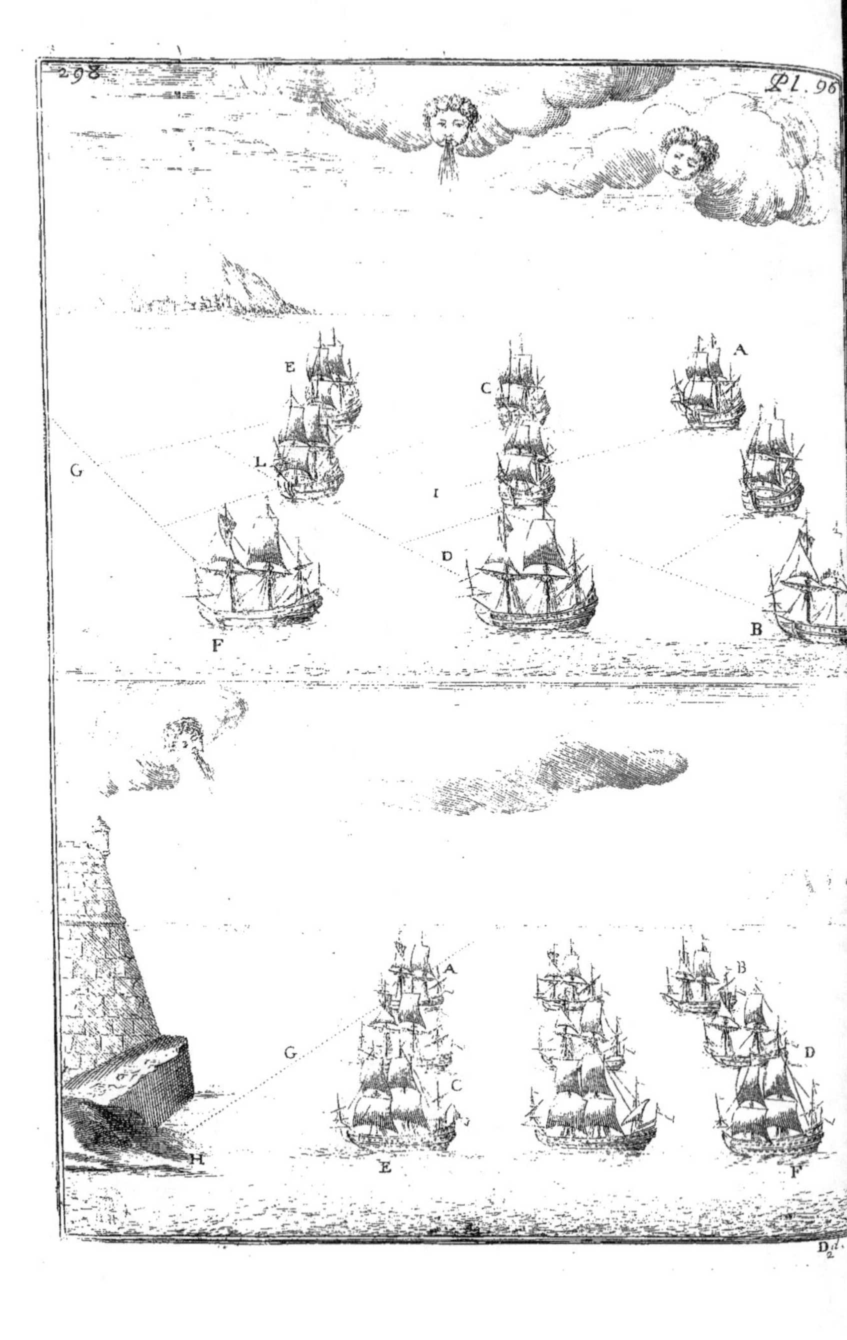
E
C
A
G
L
I
B
D
F
G
A
B
C
D
H
E
F

2. Si le vent vient de l'avant, on rétablira chaque Colomne en Planc. 96.
particulier, & ensuite on fera l'Evolution comme si le vent n'avoit pas
changé : c'est-à-dire que la tête A étant au point I, revirera avec son
Escadre par la contre-marche, & la tête C revirera dans ses eaux,
comme la tête E revirera dans les eaux de celle-ci.

Remarque   4.

Il se pourra faire que la tête C étant au point L sera au-vent du
point I, mais alors les Escadres C D, E F pourront mettre en pane,
tandis que la tête A courra de l'avant pour s'élever ; elles feront la
même maneuvre pour donner le loisir à l'Escadre A B de revirer par
la contre-marche. Mais pour éviter une longueur excessive, il vau- *Autre ma-*
dra mieux rétablir les Colomnes de l'autre bord, & faire ensuite l'E- *niere.*
volution comme nous avons dit dans le §. 1. sur tout quand le vent
change beaucoup.

§. VII.

Faire la même Evolution en changeant l'arrangement des Escadres.

I.

Mettre la Colomne du milieu à l'Arriere-garde , & celle qui est
sous-le vent, au Corps-de bataille.

Quand on voudra que la Colomne C D fasse l'Arriere-garde, & Figur. 2.
l'Escadre E F le Corps-de bataille : les Escadres A B, C D mettront en pane, & la tête E revirera au point H avec son Escadre par
la contre-marche : puis quand la queuë F sera dans la ligne A C E, la
tête A revirera aussi avec son Escadre. Enfin quand la tête E sera au
point A, l'Escadre C D fera servir pour venir revirer au point G avec
son Escadre ; ce qui achevera l'Evolution.

Remarque.

Afin que le Vaisseau A puisse prendre l'aire dont il a besoin pour
revirer, il faut qu'il coure quelque temps de l'avant : ainsi la tête E
revirera un peu plus au-vent que le point H. L'Evolution sera un peu
longue, mais elle est si simple, & si réguliere qu'on ne doit compter
pour rien le peu de temps qu'on y emploiera ; d'ailleurs puisque l'Escadre E F qui doit être au-vent de l'Escadre C D, court toûjours au
plus-prés à toutes voiles, l'Evolution ne peut pas être plus courte, à
moins qu'elle ne mette l'Armée plus sous-le vent.

II.

Mettre la Colomne du-milieu à l'Avant-garde, & celle du-vent, au milieu.

Planc. 97.   Afin que l'Escadre C D se trouve à la tête de l'Armée, & l'Escadre A B au milieu : les Escadres A B, E F mettent en pane, & l'Escadre C D vient revirer au point G par la contre-marche : puis quand la queuë D a passé le point C, l'Escadre E F fait servir pour venir revirer au point H. Enfin quand la queuë D sera au point A, l'Escadre A B fera aussi servir pour revirer ; ainsi l'Armée sera rangée comme on souhaitoit.

Remarque.

Il faudra prendre les précautions que nous avons marqué dans l'Evolution précédente : c'est-à-dire que le Vaisseau C doit revirer plus haut que le point G, afin que le Vaisseau A puisse prendre autant d'aire qu'il en faut pour revirer. C'est-là ce qui se doit supposer dans toutes les Evolutions où on revire, sans qu'il soit besoin que j'en avertisse toûjours mon Lecteur.

III.

Mettre la Colomne du-vent au milieu, & celle du milieu à l'Arriere-garde.

Figur. 2.   Si on veut que l'Escadre E F fasse l'Avant-garde, & l'Escadre A B le Corps-de bataille : les Escadres A B, C D mettront en pane, & l'Escadre E F viendra revirer au point H par la contre-marche : puis quand la queuë F aura passé le point A, les deux autres Escadres feront servir pour revirer dans ses eaux.

Remarque.

Quoique cette Evolution soit tres-longue, on n'en peut pas trouver une plus courte, pour ranger l'Armée comme on demande, sans la mettre plus sous-le vent ; car l'Escadre E F qui doit faire l'Avantgarde court à toutes voiles au plus-prés. Au reste le Vaisseau E connoîtra sans peine qu'il est au point H, quand en relevant le Vaisseau A, il le trouvera dans la ligne du plus-prés, du bord opposé à celui sur quoi les Colomnes étoient rangées : on suivra la même régle dans les Evolutions précédentes, & dans les suivantes.

IV.

H
E
G
C
A
F
D
B
H
A
G
C
E
D
F
B
Dd. III
I.
E. Ogier fecit

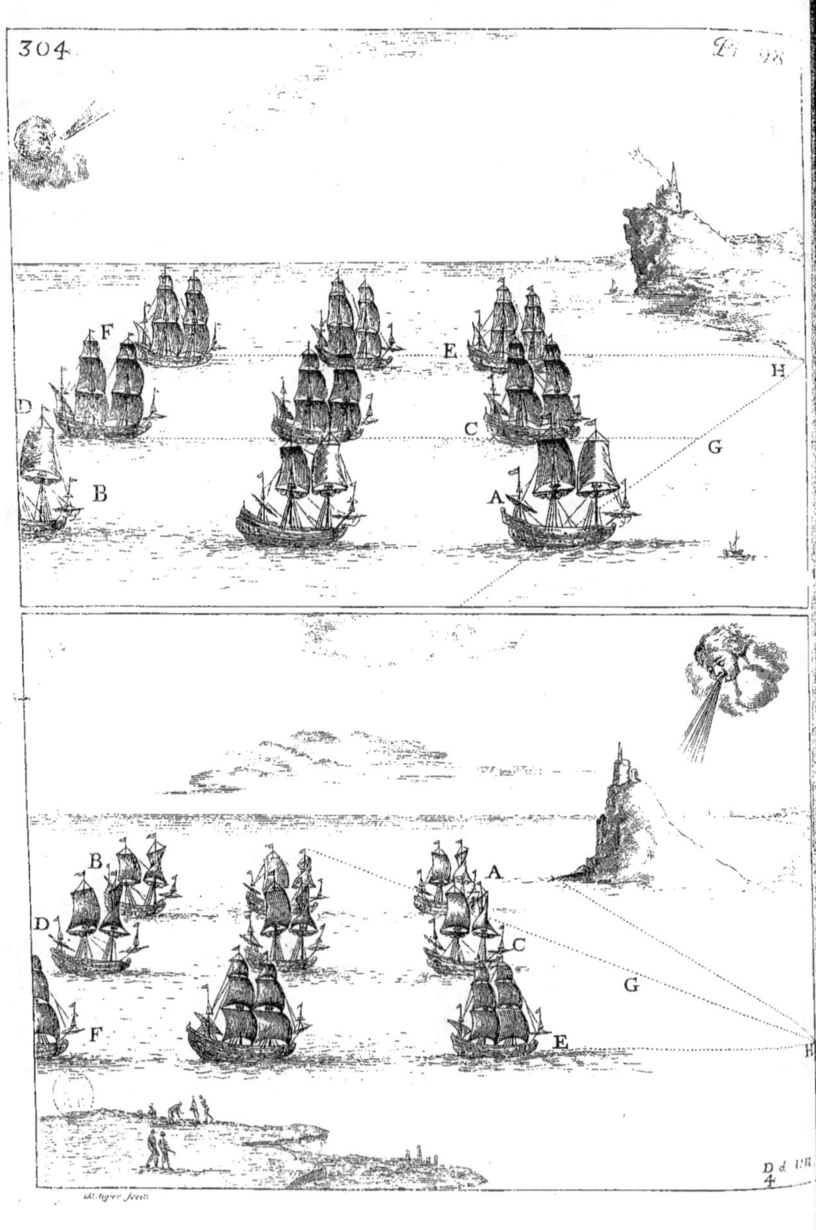
F
D
B
E
C
A
H
G
B
D
F
A
C
E
G
H

IV.

Mettre la Colomne du-vent à l'Arriere-garde , & celle du milieu à l'Avant-garde.

Quand il faut que l'Efcadre A B foit à la queuë de l'Armée, & l'Efcadre E F au milieu : on met l'Efcadre A B en pane, & les deux autres courent pour revirer par la contre-marche aux points G, H. Puis quand la queuë F a pafsé le point A, l'Efcadre A B fait fervir pour revirer auffi par la contre-marche, & pour fe mettre dans les eaux des deux autres Efcadres.

Planc. 98.

Remarque.

On ne fçauroit non plus faire l'Evolution préfente d'une maniere plus prompte, fans mettre l'Armée plus fous-le vent : parceque l'Efcadre C D qui fait l'Avant-garde, court toûjours au plus-prés, & à toutes voiles.

V.

Mettre la Colomne du-vent à l'Arriere-garde , & celle qui étoit fous-le vent, à l'Avant-garde.

Pour avoir l'Efcadre A B à la queuë de l'Armée, & l'Efcadre E F à la tête : les Efcadres A B, C D mettront en pane, & l'Efcadre E F viendra revirer par la contre-marche au point H. Puis quand la tête E fera au point A, l'Efcadre C D fera fervir pour aller au point G revirer par la contre-marche. Enfin quand la queuë D aura pafsé le point A, l'Efcadre A B fera auffi fervir pour revirer dans les eaux des deux autres.

Figur. 2.

Remarque.

Cette derniere Evolution a le même avantage que les autres, étant fi fimple, fi réguliere, & fi courte, qu'on ne peut pas trouver une maniere qui mette en moins de temps l'Armée dans l'arrangement qu'on demande, fans lui faire perdre l'avantage du vent.

Dd iiiij   §. VIII.

§.   VIII.

Mettre les trois Colomnes sur la perpendiculaire du vent.

Planc. 99. SOit l'Armée A B, C D, E F, qu'on veut mettre sur la perpendiculaire du vent. La tête A courra largue de deux rumbs sur la ligne A H, & le reste de son Escadre suivra dans ses eaux. En même temps les Escadres C D, E F courront au plus-prés stribord pour venir sur la ligne A G, où elles revireront & courront pour se mettre l'une aprés l'autre dans les eaux de l'Escadre A B.

Remarque   1.

On voit clairement que cette Evolution est composée de celle qui change les trois Colomnes en ligne-de combat, & de celle qui met la ligne-de combat sur la perpendiculaire du vent. Ainsi on lui appliquera les remarques que nous avons fait pour l'une & pour l'autre.

Remarque   2.

Autre maniere. Pour rendre l'Evolution plus prompte, il faut que la queuë F coure largue de deux rumbs sur la ligne F L, & que son Escadre se mette dans ses eaux, tandis que les Escadres A B, C D arrivent de quatre rumbs pour gagner la ligne F I, où elles changent les amures pour se mettre dans les eaux de l'Escadre E F. Les Escadres C D, A B doivent ménager leurs voiles, afin que les Escadres E F, C D ne soient pas coupées. Cette seconde maniere met l'Armée sous-le vent; mais on ne choisit pas cet Ordre quand on veut tenir le vent.

Remarque   3.

Quand le vent change. Si l'Armée passe à la perpendiculaire du vent, parceque le vent change en venant de l'arriere; la queuë F courra largue de deux rumbs, & le reste de l'Armée se mettra dans ses eaux comme si le vent n'avoit pas changé. Seulement il faudra observer que les Escadres C D, A B arrivent autant qu'il est nécessaire pour ne pas couper l'Escadre E F.

Remarque   4.

Si le vent vient de l'avant, les têtes A, C, E mettront en pane, & le reste des Escadres arrivera pour se mettre à leur égard dans la perpendiculaire du vent ; ensuite l'Escadre qui se trouvera sous-le vent courra sur la perpendiculaire du vent, & les deux autres arriveront dans ses eaux. Je ne m'arrête pas davantage sur cette Evolution, parce qu'elle n'est pas fort importante, outre qu'elle ne différe pas de celles que nous avons donné pour l'Ordre-de bataille.

§.   IX.

L
G
F
D
B
N
E
C
A
J
H

A
B
C
D
E
F
H

§. IX.

Changer les trois Colomnes avec le troisiéme Ordre-de-marche.

SOit l'Armée A B , C D , E F, qu'on veut mettre sur l'angle obtus Plane.180.
du troisiéme Ordre-de marche. La queuë F court au plus-prés
sur la ligne F L , & son Escadre se met successivement dans ses eaux ;
cependant les deux autres Escadres arrivant de quatre rumbs , viennent se mettre dans les eaux de l'Escadre E F , jusques à ce que le milieu de l'Armée soit au point F ; car alors l'Evolution est achevée, &
l'Armée se trouve comme on demandoit.

Remarque 1.

Puisque la queuë F qui doit être au-vent de l'Armée, court à toutes voiles au plus-prés, on ne peut pas faire l'Evolution d'une maniere plus prompte, sans se mettre plus sous-le vent. Aussi ne faut-il
pas choisir une autre méthode dans la pratique , puisque celle-ci est
également réguliere & uniforme. On observera seulement que les
Escadres ménagent leurs voiles, pour ne se pas couper les unes les autres.

Remarque 2.

Si c'est le vent qui en changeant oblige l'Armée de passer au troi- *Quand le*
siéme Ordre-de marche , on suivra les régles que nous avons données, *vent chan-*
pour changer les trois Colomnes en ligne-de combat quand le vent *ge.*
change, & ensuite on fera l'Evolution comme si le vent n'avoit pas
changé.

§. X.

Changer le trois Colomnes en six dans le quatriéme Ordre-de marche.

ON commence par mettre les trois Colomnes sur l'angle obtus
du troisiéme Ordre-de marche : ensuite on fait passer l'Armée
du troisiéme Ordre au quatriéme. L'Evolution est un peu longue ,
mais les autres manieres seroient trop composées , & peu praticables.

§. XI.

Mettre les trois Colomnes en Ordre-de retraite.

Planc.101. SOit l'Armée A B, C D, E F, qu'on veut mettre en Ordre-de retraite : la tête A arrivera de quatre rumbs, & le reste de son Escadre se mettra successivement dans ses eaux : cependant les Escadres
C D, E F courront au plus-prés stribord pour gagner la ligne B G,
où elles revireront l'une aprés l'autre pour se mettre dans les eaux de
l'Escadre A B. Puis quand le milieu de l'Armée sera au point A, on
aura achevé l'Evolution.

Remarque 1.

Puisqu'on ne met pas l'Armée en Ordre-de retraite pour tenir le
vent, il semble qu'on pourroit faire l'Evolution d'une maniere plus
courte, si on ne faisoit pas courir les Escadres C D, E F au plus-prés.
Neanmoins il est certain que l'Evolution ne se peut pas faire d'une maniere plus courte, parceque le milieu de l'Escadre C D court à toutes
voiles au plus-prés, pour gagner le vent à toute l'Armée ; & la tête
A court largue à toutes voiles pour se mettre sous-le vent de toute
l'Armée.

Remarque 2.

Quand le vent change.   Si c'est le vent qui par son changement oblige le Général de mettre son Armée en Ordre-de retraite. On change d'abord les trois Co-
lomnes en ligne-de combat, & on fait ensuite passer l'Armée de la
ligne-de combat à l'Ordre-de retraite. On ne sera pas surpris que
nous ne donnions pas une autre maniere, si on fait réflexion que l'E-
volution dont il s'agit ici, n'est qu'un composé de deux Evolutions,
dont l'une change les trois Colomnes en Ordre-de bataille, & l'autre
change l'Ordre-de bataille en Ordre-de retraite.

Remarque 3.

Il faudra appliquer à cet Ordre toutes les précautions que nous
avons marqué pour l'Ordre-de retraite : en particulier on pourra changer l'arrangement des Escadres, ce qui est un point assez important ;
parceque souvent dans l'Ordre-de retraite le Général est obligé de
mettre certaines Escadres dans des postes qui leur conviennent mieux,

SECTION

G
F
D
B
A
Fig. III.

Ee iii
4

SECTION SEPTIE´ME.

Changer l'Ordre-de retraite.

§. I.

Changer l'Ordre-de retraite en ligne-de combat.

S Oit l'Armée A G F en Ordre-de retraite, pour la mettre en ligne- *Planc.102.* de combat ; la tête A vient au plus-prés, & le reste de l'Armée courant largue de quatre rumbs de même bord, vient se mettre dans ses eaux, pour se trouver en ligne sur IH.

Remarque 1.

Cette Evolution est si réguliere, si simple, & si courte, qu'elle rend nôtre Ordre-de retraite préferable à tous les autres. Car une Armée qui fait retraite, pouvant être souvent obligée de combattre, tombe- roit dans d'étranges embarras, si elle ne se pouvoit pas mettre en li- gne-de combat, d'une maniere aussi aisée que celle-ci. En effet suppo- sons que les ennemis I, L, M serrent l'Armée de si prés, qu'on est en- fin contraint de se battre : alors l'Armée qui faisoit vent-arriere vient toute en même temps de six rumbs au-vent bas-bord, & la tête A vient aù plus-prés. Cette maneuvre ne peut causer nulle confusion à l'Ar- mée, au contraire, elle commence dés lors à présenter le côté à l'enne- mi, & les Vaisseaux qui viennent au-vent dans les eaux du Vaisseau A, mettent entre deux feux les Vaisseaux ennemis M.

Remarque 2.

Nous supposons que l'ennemi ne se trouve que d'un côté, & il est difficile en effet qu'il attaque les Fuyards des deux côtez sans se mettre en danger d'être séparé : mais en cas que l'ennemi attaquât l'Armée des deux côtez, on ne laisseroit pas de faire l'Evolution de la même ma- niere, & les Vaisseaux GF ne présenteroient pas moins le côté à l'en- nemi que quand ils faisoient vent-arriere.

Remarque 3.

Si les ennemis serrent l'Armée de part & d'autre ; les Vaisseaux GF *Autre ma-* courront largue de quatre rumbs stribord, & les Vaisseaux G A cour- *niere.* ront au plus-prés pour se mettre dans leurs eaux : de cette maniere on présentera mieux le côté aux ennemis ; mais il faudra ensuite revirer de pouppe à prouë pour être en ligne-de combat, ce qui est assez dé- licat quand on est aux mains.

E e iiiij   Remarque

Remarque 4.

Quand le vent change.   Si on change l'Ordre-de retraite en ligne-de-combat, parceque le vent change ; on pourra toûjours faire venir au-vent l'Aîle A ou F qui sera sous-le-vent, & le reste de l'Armée se mettra dans ses eaux par des lignes paralleles à la ligne A G, si c'est le Vaisseau A qui vient au-vent, ou à la ligne GF si c'est le Vaisseau F.

§. II.

Mettre l'Ordre-de retraite sur la perpendiculaire du vent.

Planc.103.   SOit l'Armée A G F qu'on veut mettre sur la perpendiculaire du vent ; les Aîles A, F mettront en pane, & les autres Vaisseaux courant vent-arriere viendront aussi successivement mettre en pane sur la ligne A F.

Remarque 1.

Pour rendre l'Evolution plus exacte, les Vaisseaux se tiendront sur des lignes paralleles aux lignes G A, G F, jusques à ce qu'ils soient sur la ligne A F. On pourroit faire courir l'Aîle A, ou l'Aîle F sur *Figure 2.* la perpendiculaire du vent, & le reste de l'Armée n'auroit qu'à suivre *Autre ma-* à la file dans ses eaux, pour faire l'Evolution d'une maniere également *niere.* simple, & réguliere. Mais on ne doit jamais prendre ce parti sans une grande raison, parceque cette voye est d'une longueur excessive ; car on y emploie tout le temps qui est nécessaire au Vaisseau A, pour parcourir une ligne égale à toute l'Armée.

Remarque 2.

Si le vent change.   Quand c'est le vent qui en changeant oblige l'Armée de changer son Ordre ; on peut toûjours recourir à l'une ou à l'autre des deux manieres précédentes. 1. On peut mettre le Vaisseau qui est sous-le-vent en pane, puis les autres courront vent-arriere ou largue, pour se mettre à son égard dans la perpendiculaire du vent. 2. Le Vaisseau qui est sous-le-vent peut courir sur la perpendiculaire du vent, & le reste de l'Armée se mettra dans ses eaux. On suit la seconde maniere quand le vent change environ de huit rumbs, & on suit la premiere quand il change beaucoup plus, ou beaucoup moins que de huit rumbs.

§. III.

G
A
F
G
Ec. IIIIII
3

Cars f.

§. III.

Changer l'Ordre-de retraite avec le troisiéme Ordre-de marche.

POur mettre l'Armée A GF sur le troisiéme Ordre de marche ; *Planc. 104;* une des Aîles F viendra au plus-prés du bord opposé à celui sur quoi les Vaisseaux GF sont rangez, & le reste de l'Armée suivra dans ses eaux, jusques à ce que le Vaisseau G soit au point F : car alors l'Armée sera dans l'Ordre qu'on demandoit.

Remarque 1.

On pourroit mettre les Aîles A, F en pane, & faire courir le re- *Autre ma-niere.* ste de l'Armée vent-arriere, pour se ranger à leur égard sur les lignes du plus-prés A I, F I opposées aux lignes du plus-prés A G, F G. Je conviens que cette maniere est bonne, & qu'on doit s'en servir quand le temps presse, parce qu'elle est un peu plus courte : mais l'autre me paroît préferable, parce qu'elle n'est gueres moins courte, & qu'elle est beaucoup plus exacte & plus uniforme.

Remarque 2.

Si c'est le vent qui en changeant donne lieu à l'Armée de passer dans *Quand le vent chan-ge.* le troisiéme Ordre-de marche ; l'Aîle F qui est sous-le vent, courra *Figur. 2;* au plus-prés sur la ligne F I, & le reste de l'Armée se mettra successi- vement dans ses eaux. Puis quand le Vaisseau G sera au point F, les Vaisseaux F I arriveront de quatre rumbs, & le reste de l'Armée s'é- tant mis dans les eaux du Vaisseau G, on se trouvera sur l'angle obtus F H L, comme on souhaitoit.

Remarque 3.

Il se pourra faire que quand le Vaisseau G sera au point F, l'Armée se trouvera rangée dans l'Ordre qu'on demande : parceque l'angle G F I sera de douze rumbs, ce qui abbrégera beaucoup l'Evolution qui est un peu longue. Si l'angle G F I n'est pas précisément de dou- ze rumbs, mais qu'il ne s'en manque pas beaucoup, on pourra ache- ver l'Evolution en faisant un peu arriver les Vaisseaux qui sont trop au-vent.

§. IV.

Changer l'Ordre-de retraite avec le quatriéme Ordre-de marche.

ON commence par changer l'Ordre-de retraite avec le troisiéme Ordre-de marche, & enfuite on fait paffer l'Armée du troisiéme Ordre-de marche au quatriéme : car quoique l'Evolution foit fort longue, elle eft neanmoins plus praticable que toutes les autres qui fe font préfentées.

§. V.

Changer l'Ordre-de retraite en trois Colomnes.

Planc.105. QUand il faut mettre l'Armée A G F fur trois Colomnes, la queuë F court largue de quatre rumbs, du bord oppofé au plus-près fur quoi les Vaiffeaux A G font rangez, & le refte de l'Armée fuit dans fes eaux. Puis quand la queuë D fe trouve au point I par le travers de la queuë F qui eft au point L, alors la queuë D court comme la queuë F, & le refte de l'Armée fuit dans fes eaux. Enfin quand la queuë B venant au point H fe trouve auffi par le travers des deux autres qui font aux points N, M, elle court de même, & aprés que fon Efcadre s'eft mis dans fes eaux, l'Armée eft rangée fur les trois Colomnes M R, N O, H P.

Remarque 1.

Quoique cette Evolution femble affez longue, cependant elle ne peut pas être plus courte, à moins qu'on ne veüille mettre l'Armée plus fous-le vent : car puifque le Vaiffeau A qui doit être au-vent de toute l'Armée, court à toutes voiles au plus-prés, jufques à ce que l'Evolution foit faite, on doit conclurre que fi elle étoit plus prompte, le Vaiffeau A & par conféquent toute l'Armée feroit moins au-vent.

Remarque 2.

Quand le vent chan-ge.   Si on met l'Armée en trois Colomnes, parceque le vent change, & que le Vaiffeau F foit plus fous-le vent ; on fera l'Evolution comme fi le vent n'avoit pas changé. Mais fi le vent tourne du côté du Vaiffeau F, on commencera l'Evolution par l'Efcadre A B de la maniere que nous allons expliquer dans le §. fuivant.

§. VI.

F
L
D
M
D
N
R
B
O
P
A

S
pafsé
toute
rum
rava
fon
cou
rout
aura

mé
du
que
à c
rer
cac
qu

fa
ex
g
c
a
l'
f

§. VI.

Faire la même Evolution d'une autre maniere.

SI on veut que les Colomnes soient paralleles à la ligne GF : la Planc.106. queuë F courra sur la ligne GF jusques à ce que la queuë B ait passé le point G : alors l'Escadre EF qui sera sur OL changera toute en même temps ses amures, & courra largue de quatre rumbs à l'autre bord, & le reste de l'Armée courra comme auparavant. Puis quand la queuë D sera au point H où elle trouvera par son travers la queuë F au point I, l'Escadre DC qui sera sur HM courra comme l'Escadre EF, & l'Escadre AB continuera sa même route jusques à ce qu'aiant amené les deux autres par son travers, elle aura achevé de mettre l'Armée sur les Colomnes RS, PT, OV.

Remarque 1.

On peut faire la même Evolution d'une maniere qui mettra l'Ar- *Autre maniere.* mée plus au-vent. Pour cela il faut que la tête A coure au plus-prés du bord opposé à celui sur quoi les Vaisseaux AG son rangez, & que le reste de l'Armée se mette successivement dans ses eaux, jusques à ce que les Escadres AB, CD y soient ; alors l'Escadre AB revirera toute en même temps ; puis quand l'Escadre CD trouvera l'Escadre AB par son travers elle fera la même maneuvre, jusques à ce qu'elles soient l'une & l'autre par le travers de l'Escadre EF.

Remarque 2.

Cette derniere Evolution est si longue qu'on ne s'en doit pas servir sans des raisons extraordinaires : comme quand l'avantage du vent est extrémement important. On pourra encore s'en servir quand le changement de vent rendra les autres manieres plus difficiles, & moins conformes à toutes les circonstances qu'on demande. Au reste nous avons supposé dans ce §. & dans le précédent, qu'on vouloit mettre l'Escadre AB au-vent, & qu'on vouloit que les Vaisseaux A, C, D fussent les têtes des Colomnes.

Conclusion de la quatriéme Partie.

Nous n'avons rien dit en particulier des Ordres d'une Armée, qui garde ou qui force un passage : parce que ces deux Ordres se rapportent à ceux que nous avons expliquez : car l'Ordre d'une Armée qui garde un passage, se rapporte à l'Ordre-de bataille, ou aux trois Colomnes ; & l'Ordre d'une Armée qui force un passage, se rapporte à l'Ordre-de retraite. On pourra encore appliquer les régles que nous donnons dans cette quatriéme Partie, à d'autres Ordres qu'on voudroit établir : & qui ne pourroient differer des précédens que par des circonstances qu'on ajusteroit sans peine à nos manieres.

TRAITÉ
DES EVOLUTIONS
NAVALES.

CINQUIE'ME PARTIE,

Des mouvemens de l'Armée Navale fans toucher aux Ordres,

EXPLICATION DU SUJET.

OICI fans doute ce qu'il y a de plus difficile , & de plus grand dans l'Art que je traitte : c'eft proprement en ceci que confifte l'Art de la guerre fur mer. Il s'en faut beaucoup que je n'aie les lumieres néceffaires, pour donner des régles dans une matiere fi importante; & d'ailleurs on ne s'eft gueres avifé de faire des préceptes pour les Généraux d'Armée : on s'eft contenté de leur propofer des exemples : parce qu'en des matieres auffi vaftes que celles-ci , on ne peut prefque rien décider dans la théorie : c'eft le grand genie d'un Heros avec beaucoup d'expérience , qui en doit faire un grand Général. Je veux feulement mettre ici en peu de mots quelques réflexions générales , & des exemples fur quoi je compte beaucoup plus , que fur mes réflexions. On trouvera quelques endroits où je n'ai rien déterminé , aiant feulement propofé les raifons du pour & du contre dans les divers partis qu'on pouvoit prendre. C'eft qu'en effet il eft des chofes fi douteufes , qu'elles ne peuvent être déterminées, que par toutes les circonftances des cas particuliers. Tel eft le parti que doit prendre un Général , quand il eft obligé de combattre avec une Armée beaucoup inférieure à celle de l'ennemi. La chofe eft fi périlleufe qu'on

Gg   ne

ne trouve rien de feur à quoi on puiſſe ſe déterminer. Il n'eſt pas des combats de mer, comme des combats de terre ; une Armée de terre quand elle eſt inférieure, ſe retranche, occupe des poſtes avantageux, ſupplée par des bois, des rivieres, des défilez ce qui lui manque de force. Mais à la mer on n'a point d'autre avantage que celui du vent ſur quoi il ne faut gueres compter, à cauſe de ſon inconſtance : & on doit juger d'une Armée Navale, comme on feroit d'une Armée de terre qu'on auroit ſurpris dans une raſe campagne, où le temps & le lieu ne lui permettroient pas de ſe retrancher ; je penſe qu'il lui feroit difficile de prendre un bon parti, ſi elle étoit beaucoup inférieure à l'ennemi.

§. I.

Moüiller.

Planc.107.   QUand une Armée Navale moüille, elle doit avoir égard à cinq circonſtances. 1. Que le fond ſoit bon pour les cables, & de bonne tenuë. 2. Qu'on y ſoit à couvert contre les mauvais vents. 3. Qu'on y puiſſe appareiller du vent qui peut amener les ennemis, & qu'on puiſſe leur en diſputer l'avantage. 4. Qu'on puiſſe prompte-ment ſe mettre en ligne, quand on léve l'ancre. 5. Que les Vaiſſeaux ne ſoient pas en danger de tomber les uns ſur les autres en appareillant. C'eſt pourquoi on moüille un peu au large, ſur la perpendiculaire du vent, faiſant une ou pluſieurs lignes qui doivent être à trois cables les unes des autres, & mettant ſix vingts toiſes entre les Vaiſſeaux.

Remarque   1.

Je n'entre point dans le détail des gardes & des rondes, & de plu-ſieurs autres petites précautions, qui n'appartiennent pas au deſſein que je me ſuis propoſé.

Exemple.

Combat de Sousbai. 1672.   Ce fut ſans doute par de ſemblables précautions que le Duc d'Iork à préſent Roi d'Angleterre ſauva l'Armée qu'il commandoit l'an 1672. Elle étoit compoſée de ſoixante Vaiſſeaux Anglois, & de trente Fran-çois. Le Duc d'Iork avoit tenu long temps la mer, pour attirer les Holandois à un combat décifif : mais voyant que ceux-ci s'opiniâ-troient à ſe tenir dans leurs bancs, où on ne pouvoit pas les forcer, il réſolut d'aller à Sousbai, pour y prendre les raffraichiſſemens néceſ-ſaires. L'Amiral Ruiter qui commandoit l'Armée de Holande, trou-va cette conjonĉture fort propre à inſulter les Anglois qu'il croioit être en déſordre dans la Rade. Il ſortit donc de ſes bancs le 6. de Juin avec toute ſon Armée, qui n'étoit gueres moins forte que celle du Duc

d'Iork,

A
B
C
D
E
F
Cars fe.

d'Iork , & fit voiles d'un vent de Nord-Eft vers Sousbai , ne doutant point qu'il n'y dût furprendre fes ennemis.   Mais le Duc d'Iork comme un tres-habile Général avoit fait moüiller au large le Comte d'Eftrées Vice-Amiral & à préfent Maréchal de France , qui commandoit fon Avant-garde , & il s'étoit pofté lui-même avec le refte de l'Armée de telle maniere , qu'aiant eu avis de la venuë de Ruiter , il fut bien-tôt en état de le recevoir.   Le Comte d'Eftrées s'étant mis en bataille avec une diligence incroiable tint le vent , & aiant élongé l'Efcadre de Zelande commandée par le Vice-Amiral Bancker , il commença le combat le 7. de Juin fur les huit heures du matin , & il battit l'ennemi avec tant de vigueur que plufieurs Vaiffeaux Holandois furent defemparez. Il avoit même pris des mefures pour revirer , & traverfer l'Efcadre de Bancker , fi le calme qui furvint ne fe fût oppofé à fes glorieux projets.   Cependant le Duc d'Iork étoit aux mains avec l'Amiral Ruiter , & le Comte de Santvvik combattoit l'Arriere-garde contre le fieur Vangent : mais le bruit effroiable de l'artillerie aiant bien-tôt diffipé le vent , & les Vaiffeaux ne gouvernant plus , les deux Armées fe trouvérent mêlées d'une maniere à faire le plus fanglant combat qui fut jamais. Le Comte de Santvvik périt avec fon Vaiffeau qui fut brûlé par un Brûlot Holandois : un moment aprés , fa mort fut vengée par celle de l'Amiral de l'Efcadre d'Amfterdam , & par la perte de deux Vaiffeaux de ligne Holandois , dont l'un fut pris & l'autre coulé à fond. Le Duc d'Iork changea deux fois de Vaiffeau , les deux premiers aiant été criblez de coups de canon. Enfin le combat dura avec une opiniatreté incroiable jufques à la nuit , qui favorifa la retraite des Holandois. Le Duc d'Iork les pourfuivit le lendemain jufques dans leurs bancs , où s'étant mis à couvert , ils évitérent leur entiere défaite fans rien diminuër de la gloire du Victorieux.

Le Duc d'Iork pourfuit les Holandois.

Remarque 2.

On voit par l'exemple précédent combien il eft important d'être en état de fe mettre à la voile pour recevoir les ennemis ; on verra par le fuivant combien il eft dangereux d'attendre l'ennemi à l'ancre. Je ne m'arrête pas à marquer les précautions qu'une Armée doit prendre en appareillant ; par exemple comme les Vaiffeaux fous-le vent doivent appareiller les premiers , fi les autres font en danger de tomber fur eux , &c. toutes ces chofes ont befoin d'un grand nombre de circonftances pour être déterminées , & elles font faciles à décider dans la pratique.

Exemple.

Les François
brûlent les
ennemis à
Palerme. Le Maréchal Duc de Vivonne Vice-Roi de Sicile pour la France, aiant appris que les ennemis aprés le combat d'Agousta, s'étoient retiré à la rade de Palerme, résolut de les y aller insulter. Il s'embarqua sur le Sceptre commandé par le Chevalier de Tourville Chef d'Escadre, où il arbora le Pavillon d'Amiral, & arriva le 2. de Juin l'an 1676. à la vûë de Palerme, aiant vingt-sept Vaisseaux de ligne, & vingt-cinq Galéres. Il fit reconnoître les ennemis, & il apprit que les Alliez avoient moüillé vingt-sept Vaisseaux de guerre, & vingt-neuf Galéres sur une ligne qui faisoit front au Fort de Castel-Marc sous son canon, & qui étoit défenduë à droite par le feu d'une grosse tour, & par l'artillerie qui étoit sur les rampars de la Ville ; & à gauche par les batteries du Mole. On détacha le Marquis de Prulli Chef d'Escadre avec neuf Vaisseaux & cinq Brûlots, & les Chevaliers de Breteüil & de Bethomas avec sept Galéres, pour donner sur l'ennemi à gauche ; & la chose fut executée avec tant de valeur & de succez, que l'Avant-garde ennemie aiant coupé alla échoüer sous les bastions de la Ville, où nos Brûlots reduisirent trois de ses Vaisseaux en cendres. En même temps les autres Vaisseaux de l'Armée Françoise aiant moüillé sur les boüées des ennemis malgré leur feu & celui de leurs forteresses, les battirent avec tant de fureur qu'aprés avoir brûlé l'Amiral & le Contre-Amiral d'Espagne, ils contraignirent le reste de couper pour se sauver dans le Mole : mais on les y poursuivit si vîvement avec des Brûlots, qu'on mît bien-tôt le feu à l'Amiral de Holande & à huit autres Vaisseaux, qui s'étoient échoüé sous les murs de la Ville, ce qui fit le plus horrible spectacle qu'on ait jamais vû. On voioit de toute part les ponts de ces Vaisseaux en feu, couverts d'une foule de malheureux dont les uns se précipitoient dans la mer, les autres se jettoient dans des esquifs, les autres indéterminez couroient çà & là ; cependant le feu prenant aux poudres des Vaisseaux, les enlevoit en l'air au milieu d'une nüée de débris enflammez, qui retombant ensuite comme une grêle funeste, écrasoit, couloit à fond, brûloit, & faisoit périr de mille manieres differentes les hommes qui se sauvoient, & les Bâtimens voisins. La Reale d'Espagne, & cinq autres Galéres furent brûlées par le feu des Vaisseaux, ou écrasées sous leurs débris ; quantité d'édifices furent aussi renversez dans la Ville & reduits en cendres : & cette grande action ne coûta que quelques Brûlots aux François.

§. II.

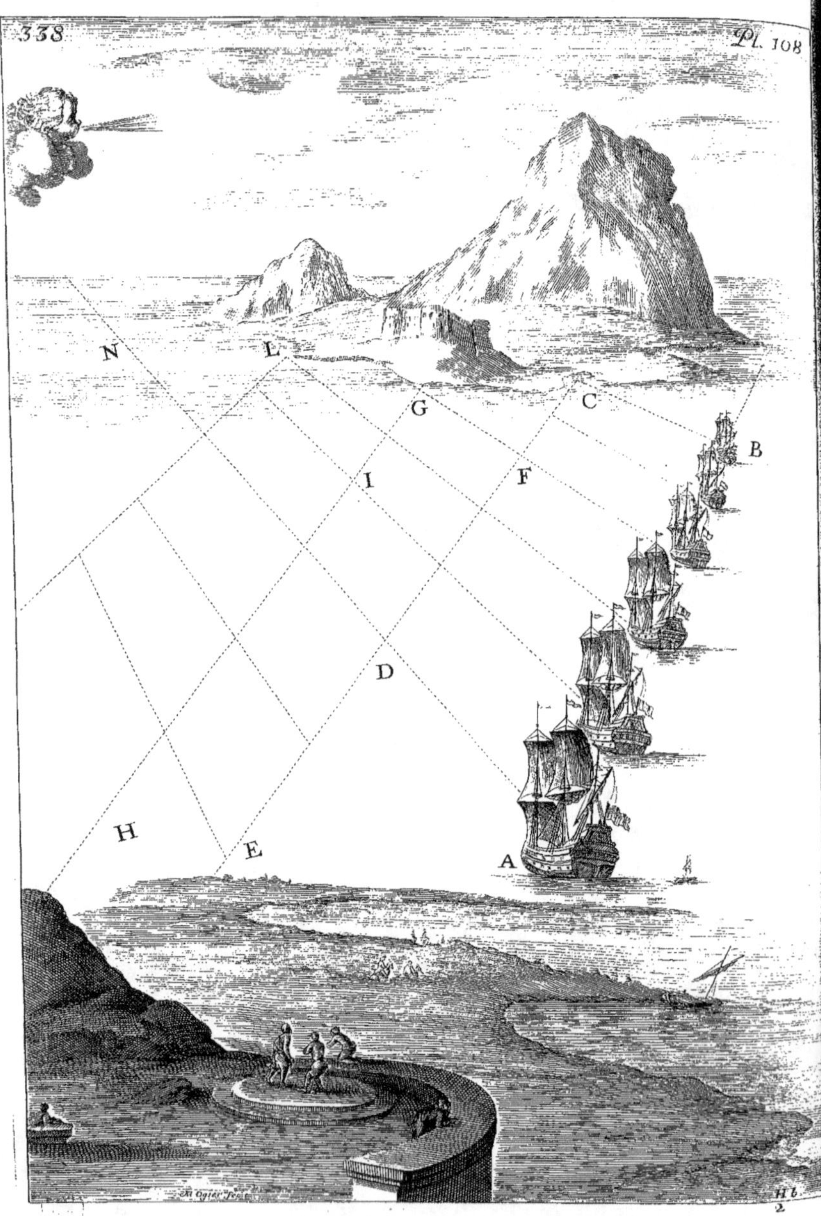
N
L
G
C
B
I
F
D
A
H
E

§. II.

Gagner au-vent.

UNe Armée nombreuſe ne gagne gueres au-vent, quelqu'effort qu'elle faſſe : elle eſt neanmoins ſouvent obligée de tenir le vent, & de lovier de peur de tomber ſous-le vent. Surquoi il faut faire les réflexions ſuivantes.

I.

Quand l'Armée eſt obligée de lovier, il faut autant qu'il ſe peut *Comment on doit revirer* qu'elle faſſe ſes diverſes bordées en revirant toute en même temps, & qu'elle les faſſe un peu longues. Parce qu'en revirant par la contre-marche on tombe beaucoup ſous-le vent, chacun arrivant un peu, pour ne pas aborder celui qui précéde ; d'ailleurs ſi les bordées ſont courtes on revire plus ſouvent, & on perd en revirant tout ce qu'on avoit gagné dans la bordée.

II.

Il eſt des cas où l'Armée feroit des bordées trop courtes, ſi elle re- *Planc. 108.* viroit toute en même temps ; alors elle doit revirer par la contre-marche : car ſi l'Armée A B qui lovie entre les terres A H, B L, reviroit toute en même temps, au lieu de revirer par la contre-marche, le Vaiſſeau B ne pourroit prolonger ſa bordée que juſques au point C, & par conſéquent la bordée n'auroit que la longueur B C. De même le Vaiſſeau A qui auroit reviré au point D, ne pourroit porter ſa bordée que juſques au point E, & toute l'Armée aiant reviré pour la ſeconde fois, ne courroit que de la longueur D E. Enfin il faudroit que l'Armée revirât cinq fois pour parer le cap N, qu'elle auroit paré d'une ſeule bordée, ſi elle avoit reviré par la contre-marche au point A.

Remarque.

Il n'eſt pas poſſible de lovier par la contre-marche, quand on n'eſt pas en Ordre-de-bataille, ou en Ordre-de-marche de la premiere maniere, ou ſur trois Colomnes ; encore trouvons nous quelque difficulté à lovier par la contre-marche ſur trois Colomnes ; voici ce qu'on en peut dire.

Hh ij III.

III.

Planc.109   L'Armée qui eſt ſur trois Colomnes peut revirer par la contre-marche , en faiſant revirer les trois têtes des Colomnes en même temps : car ſi les têtes A , C , E revirent en même temps , & que chaque Colomne revire dans les eaux de ſa tête , les Colomnes ſe trouveront ſur les lignes A I , C M , E B , dans la ſeconde bordée où leur Ordre ſemblera être troublé : mais aprés avoir reviré une ſeconde fois , elles ſe trouveront ſur les lignes L G , H M , N I , rangées dans leur Ordre naturel.

Remarque 1.

Cette maniere a deux defauts conſidérables. 1. Il eſt difficile que les Colomnes ſe trouvant en échiquier ſur les lignes A I , C M , E B, puiſſent conſerver leur Ordre , parceque les Vaiſſeaux n'ont plus les points fixes ſurquoi ils doivent reconnoître chacun leur poſte , comme nous l'avons expliqué dans la premiere Partie. 2. Il eſt dangereux que les têtes des Colomnes ſous-le vent , ne coupent les queuës des Colomnes qui ſont au-vent : car il arrive d'ordinaire que les queuës des Colomnes ſe trouvent trop de l'arriere , & ſi l'Evolution ſe faiſoit la nuit , elle ſeroit ſujette à des abordages , & à d'autres inconveniens qu'on ne doit pas négliger.

Remarque 2.

Pour empêcher que les Colomnes qui ſont ſous-le vent , ne coupent les Colomnes qui ſont au-vent : on a crû qu'il falloit faire revirer la Colomne du-vent quelque temps avant la Colomne qui eſt ſous-le vent en cette maniere. Le Vaiſſeau A de la Colomne qui eſt au-vent revire , & toute ſa Colomne vient revirer au point A dans ſes eaux par la contre-marche : cependant les deux autres Colomnes continuent leur bordée , juſques à ce qu'un certain nombre de Vaiſſeaux ait reviré dans la Colomne A B ; alors la tête C revire auſſi , & le reſte de ſa Colomne ſuit par la contre-marche. De même aprés qu'un certain nombre de Vaiſſeaux a reviré dans la Colomne C D , la tête E de la Colomne E F revire , & le reſte de ſa Colomne revire ſucceſſivement dans ſes eaux par la contre-marche.

Remarque.

N
I
M
H
B
A
G
L
D
C
F
E

R
V
I
N
S
M
H
G
L
B
A
D
T
C
O
E
F
P

Remarque 3.

Il eſt évident que ſi on garde exactement toutes les circonſtances Plañc.110; de cette Evolution, l'Ordre des Colomnes n'en ſera pas plus troublé, que dans l'Evolution précédente : car puiſque les Colomnes qui ſont au-vent, revirent toûjours avant celles qui ſont ſous-le vent, & que la difference du temps eſt toûjours la même : ſi la tête C revire la premiere fois au point O, elle revirera la ſeconde fois au point S, de telle maniere que la ligne O S ſera parfaitement égale à la ligne A R. De même la tête E revirera aux points P, G, de maniere que la ligne P G ſera égale aux lignes O S, A R. D'ailleurs les lignes C O, V R étant égales, & les angles A R V, S O C égaux, les lignes A V, C S ſont égales, & par conſéquent C M, A I, comme auſſi E G, A I ; mais tous les angles ſont auſſi égaux ; donc les lignes I N, M H, L G ſeront jointes aux lignes A B, C D, E F, par des lignes égales & paralleles ; donc les trois lignes I N, M H, L G ſeront égales, & paralleles aux lignes A B, C D, E F ; donc les trois Colomnes I N, M H, L G ſeront rangées comme les Colomnes A B, C D, E F.

Remarque 4.

Il n'eſt pas moins évident que les têtes des Colomnes ſous-le vent, couperont de même les queuës de celles qui ſont au-vent, à moins que les Colomnes du-vent ne revirent ſi long temps avant les autres, que plus de leur moitié ait reviré, avant que celles-ci revirent : car ſi la tête E revirant au point E coupe la queuë D au point T, la tête E revirant au point P coupera la queuë D au point C. Mais ſi la tête E ne reviroit que quand plus de la moitié de la Colomne C D à reviré au point O, alors la tête E paſſeroit au-vent du point où la Colomne C D revire, & par conſéquent elle ne ſeroit pas en danger de couper ſa queuë.   Ceci eſt d'une aſſez grande conſéquence, parce qu'il y a des cas où le Général eſt obligé de faire revirer ſes Colomnes par la contre-marche durant la nuit, ou durant une brume ; & en ſuivant ces régles, il ne riſque rien, & il eſt tres-facile de faire connoître à la tête de la Colomne qui eſt ſous-le vent, le temps auquel le milieu de la Colomne du-vent revire.

H h   iiiij   Remarque

Remarque 5.

Comme les Evolutions précédentes n'évitent pas le principal de-faut que nous avons remarqué , fçavoir qu'il eſt difficile que les Colomnes gardent leur Ordre durant la ſeconde bordée. Le Che-valier de Beaujeu qui s'eſt toûjours diſtingué dans la Marine par ſa valeur, & par ſon application , nous propoſe une maniere fort ingénieuſe de ranger les trois Colomnes , afin qu'elles puiſſent re-virer par la contre-marche ſans que l'Ordre en ſoit jamais troublé. Il veut que les Colomnes ſoient paralleles à la ligne d'un des deux plus-prés , & que les Vaiſſeaux d'une Colomne répondent aux Vaiſſeaux de l'autre par la ligne qui fait le lit du vent. Par exemple, le vent étant Nord les Colomnes A B, C D, E F ſont rangées ſur des lignes paral-leles à l'Eſt-Nord-Eſt qui fait le plus-prés bas-bord , & les têtes A , E , C ſont rangées ſur la ligne Nord & Sud , & tous les autres Vaiſ-*Avantages* ſeaux de même. Il tire pluſieurs avantages conſidérables de cette ma-*de cette* niere. 1. Chaque Vaiſſeau a toûjours deux points fixes par où il con-*méthode.* noît qu'il eſt dans ſon poſte , fçavoir quand il eſt à l'égard de ſes voi-ſins dans la ligne du plus-prés ſurquoi les Colomnes ſont rangées , & quand il eſt dans la ligne du lit du vent, à l'égard des Vaiſſeaux qui lui doivent répondre dans les autres Colomnes. 2. On déterminera exactement la diſtance des Colomnes ; car la Colomne C D ſera éloi-gnée autant qu'il convient de la Colomne A B , quand la tête C pour-ra revirer ſur le milieu L de la Colomne A B. 3. Quand il faudra re-virer par la contre-marche , l'Ordre ne ſera point troublé , parceque les têtes A , C , E revirant en même temps , demeureront les unes à l'égard des autres dans la ligne qui fait le lit du vent. 4. La tête C ne cou-pera pas la queuë B , ſi celle-ci eſt dans ſon poſte , parceque les lignes C L , B L ſont égales , & que la tête C perd du temps à revirer.

Remarque 6.

Je ne doute pas que cette maniere ne ſoit goûtée de pluſieurs ha-biles gens : neanmoins elle n'eſt pas exempte de defauts. 1. Elle met les têtes des Colomnes dans une ſituation peu naturelle. 2. Elle don-ne trop d'étenduë à l'Armée. C'eſt pourquoi nous allons donner une maniere qui eſt déja fort en uſage, & qui me paroît plus naturelle.

Remarque.

H
G
A
B
C
E

N
M
O
A
B
L
H
C
R
P
I
G
E
D
F

Remarque 7.

Afin de ne rien changer dans l'Ordre des trois Colomnes que nous Planc.112. avons expliqué dans la premiere Partie, & afin de faire pourtant en sorte que leur Ordre ne soit point troublé, quand elles revirent par la contre-marche : la tête E de la Colomne qui est sous-le vent revire la premiere, & sa Colomne revire successivement dans ses eaux au point E ; les deux autres Colomnes continuent leur bordée, jusques à ce que la tête C se trouve au point H, par le travers de la tête E qui est au point G ; alors la tête C revire, & le reste de sa Colomne vient pareillement revirer au point H. Enfin quand la tête A se trouvant au point M, voit les deux autres l'une par l'autre dans les points L, I, elle revire, & le reste de sa Colomne aiant reviré successivement au point M, l'Armée se trouve sur les Colomnes I B, L O, M N, dans le même Ordre qu'auparavant.

Remarque 8.

Il faut observer que cette Evolution est beaucoup plus aisée à exécuter dans la pratique, qu'elle n'est facile à comprendre dans la théorie : car elle se reduit uniquement à faire revirer la tête C, quand elle est par le travers de la tête E qui a reviré la premiere, & à faire revirer la tête A quand elle se trouve par le travers des deux autres, ou quand elle les voit l'une par l'autre.

Remarque 9.

Je conviens qu'il reste encore le danger où sont les queuës du-vent d'être coupées ; mais les autres Evolutions n'ôtent pas ce defaut : d'ailleurs nous avons plusieurs moiens de l'éviter, ou de le corriger. 1. Si les queuës prennent grand soin de se serrer le plus qu'il se peut. 2. Si les queuës forcent de voiles, & que les têtes ne forcent pas tant. 3. Si les queuës qui ont été coupées, prennent leurs mesures pour passer dans les intervalles de la Colomne qui les a coupées, ce qui n'est pas impossible même la nuit ; parce qu'on ne revire pas sans porter des feux. Nous pouvons donc conclurre que l'Evolution présente est l'unique qu'on doit emploier dans la pratique, quand on fait lovier une Armée par la contre-marche : à moins que des raisons particulieres n'obligent le Général de recourir à quelqu'une des précédentes.

§. I V.

Disputer le vent à l'ennemi.

I.

Planc.113. L'Armée qui est sous-le vent doit toûjours courir la bordée qui l'empêche d'élonger l'ennemi : afin de l'obliger de beaucoup arriver s'il veut combattre, ce qui peut lui faire perdre le vent. C'est pourquoi l'Armée C D court une bordée differente de celle que tiennent les ennemis A B, & l'Armée E F court la même bordée que les ennemis G H.

Remarque.

Il n'est pas possible qu'une Armée qui est sous-le vent le gagne, tandis quel'ennemi tiendra le vent, & que le vent ne changera pas. Ainsi tout ce que peut faire une Armée qui est sous-le vent, c'est de se mettre en état d'attendre que le vent change, & de profiter de ses changemens, ou des fautes que l'ennemi pourroit faire : & je dis que la maneuvre précédente sert merveilleusement à cela : car tandis que l'Armée qui est sous-le vent n'élongera pas l'ennemi, elle le mettra dans l'impossibilité de l'attaquer, s'il ne veut pas risquer l'avantage du vent.

I I.

Afin qu'un Général puisse profiter des changemens du vent, il faut qu'il les prévoie ; ce qui ne paroîtra pas impossible à ceux qui ont quelque pratique, & qui sçavent combien les vents sont réglez tant au large que sur les côtes. Il est vrai qu'un Général se trompe quelquefois dans ses conjectures quelque habile qu'il puisse être; mais il réüssit aussi souvent, & il ne faut qu'un changement de vent qu'on aura prévû, pour vous faire vaincre.

Exemple.

Combat de Stromboli 1676. Le sieur du Quesne Lieutenant Général profita merveilleusement bien de ces sortes de connoissances, le jour avant le combat de Stromboli l'an 1676. Il commandoit l'Armée Navale de France composée de vingt Vaisseaux de ligne, dont le Marquis de Prulli avoit l'Avantgarde, & le sieur Gabaret l'Arriere-garde. Le 7. de Fevrier on rencontra les ennemis, au nombre de dix-neuf Vaisseaux de ligne & neuf Galéres, sous le commandement de l'Amiral Ruiter. Les ennemis avoient le vent; mais comme le jour étoit fort avancé, Ruiter résolut de remettre le combat au lendemain, esperant qu'il conserveroit aisément son avantage. Neanmoins le sieur du Quesne sçût si bien ménager ses bordées, & profita avec tant d'adresse des retours de vent, des caps,

des

H
G
F
D
B
E
C
A
N III
M. Ogier fecit Lugd.

258
Pl. 114
C
D
B
D
A
C
4

des courans , que le lendemain au point du jour son Avant-garde revira au-vent des ennemis. Les François aiant donc gagné le vent aux Holandois , arrivérent en bon ordre sur leur ligne, l'attaquérent, & la battirent avec tant de fureur que Ruiter avouë dans la lettre qu'il en écrivit aux Estats, n'avoir jamais vû de combat plus sanglant. Le Marquis de Prulli fit arriver l'Avant-garde des ennemis, le sieur du Quesne fit plier leur Corps-de-bataille, où Ruiter eut bien de la peine à éviter deux Brûlots qu'il lui envoia. Quantité de leurs Vaisseaux furent desemparez ; mais la nuit qui survint sépara les deux Armées, & le vent aiant changé le lendemain en faveur des Holandois, ils profitérent de cet avantage pour se retirer.

III.

La disposition des caps, les courans dans la Mediterranée, & les marées dans l'Ocean, servent encore beaucoup à gagner le vent. Il ne faut quelquefois que ranger une terre, ou s'en éloigner à propos, pour gagner dix lieuës au-vent dans une bordée. La connoissance de ces sortes de choses est tres-essentielle à un Général, & on peut dire qu'il est bien moins nécessaire à un Général de terre, de connoître exactement le païs où il fait la guerre, qu'à un Général de mer de sçavoir la carte, les vents, & les marées des parages où il navigue.

IV.

Si le vent vient de l'avant, & que l'Armée qui étoit sous-le vent se Planc. 14. trouve de l'avant, elle n'aura qu'à revirer par la contre-marche ; mais si le vent vient de l'arriere, & que l'Armée C D qui étoit sous-le vent se trouve de l'arriere, la tête C courra au plus-prés stribord, & le reste de l'Armée courant au plus-prés bas-bord se mettra successivement dans ses eaux, sans beaucoup craindre de ne pas garder les mêmes distances.

V.

L'Armée qui est au-vent, doit autant qu'elle peut, tenir l'ennemi par son travers ; parce qu'alors elle peut toûjours conserver son avantage, à moins que le vent ne change beaucoup. Elle doit aussi le tenir de prés pour la même raison, à moins qu'il ne lui convînt pas de combattre ; car alors il faudroit se tenir hors de la vûë de l'ennemi comme nous dirons bien-tôt. Si le vent vient à changer un peu en faveur des ennemis, il faut qu'elle fasse courir tous ses Vaisseaux au plus-prés sans se mettre en peine de changer son Ordre, afin d'être en état de profiter de l'inconstance du vent, si comme il arrive quelquefois, il retomboit au même rumb. C'est pourquoi l'Amée A B courra toute au plus-prés, jusques à ce qu'elle ait éprouvé si le vent qui est survenu, est un vent fait.

Ii iiiij   §. V.

§. V.

Eviter le combat.

I.

Planc. 115. L'Armée A B qui eſt au-vent, ne pourra pas être forcée au combat; parce qu'elle peut toûjours tenir la bordée qui l'éloigne des ennemis, en courant au plus-prés ſtribord, tandis que les ennemis courent au plus-prés bas-bord.

Remarque.

Si le vent n'étoit pas inconſtant, il ſeroit aiſé à l'Armée A B de ſe tenir à la vûë de l'Armée C D, ſans craindre d'être forcée au combat : mais l'inconſtance du vent oblige les Généraux habiles d'éviter autant qu'ils peuvent la vûë des ennemis, quand ils ne les veulent pas combattre : la raiſon de cette maxime eſt fondée ſur ce qu'il n'eſt pas poſſible d'éviter le combat, quand on eſt long temps à la vûë d'un ennemi plus fort, qui veut abſolument combattre ; comme nous le verrons dans le §. ſuivant.

Exemple.

Ce fut ſur cette maxime que le Comte de Tourville Vice-Amiral & à préſent Maréchal de France, régla la campagne de l'an 1691. Les Alliez aiant prés de vingt Vaiſſeaux de guerre plus que lui, ſembloient le devoir tenir enfermé dans ſes ports. Mais le Roi vouloit qu'on tînt la mer, & qu'on n'y fît point de maneuvre indigne de la gloire de ſes Armes victorieuſes : on ne vouloit pas neanmoins donner un combat deſavantageux, & où le plus grand nombre des ennemis nous pût faire riſquer la victoire. Il falloit toute l'habileté d'un grand Général pour réüſſir en des circonſtances ſi délicates. Le Comte de Tourville commença par croiſer durant quinze jours à l'entrée de la Manche, arrêtant tout ce qui en ſortoit, & tout ce qui ſe préſentoit pour y entrer. Aiant appris que la Flotte de Smyrne avoit joint l'Armée des Alliez ſur les côtes d'Irlande, il ne laiſſa pas de s'approcher des Sorlingues, pour donner de la jalouſie aux ennemis. Il tomba enſuite ſur la Flotte de la Jamaïque, & aprés avoir pris les deux Vaiſſeaux de guerre qui l'eſcortoient, avec quelques Vaiſſeaux Marchands, il contraignit les autres de rentrer dans la Manche à la faveur d'un broüillard qui les déroba à nos Coureurs. Les Alliez qui étoient moüillez aux Sorlingues, apprirent ces nouvelles avec quelque chagrin. Ils appareillent, ils ſe mettent en mer pour chercher les François & les combattre, ne doutant point qu'étant ſi ſupérieurs en nombre, ils ne les défaſſent, ou qu'ils ne les obligent de rentrer dans leurs ports.

Mais

R
D
B
C

M. Ogier fecit.

Ma
joü
prê
ner
se C
gei

co
tre
m
su

m
le
v
n

Mais le Comte de Tourville les tire au large , leur difpute le vent, les joüe par mille fauffes routes, paffe cinquante jours à la mer toûjours prêt de profiter des occafions qu'il pourroit trouver de donner fur l'ennemi avec avantage : il rentre enfuite à Breft finiffant une tres-heureuse Campagne , qui parmi les Connoiffeurs a fait également admirer le genie fupérieur , & l'habileté de ce grand Général.

I I.

Si l'Armée qui veut éviter le combat eft fous-le vent, elle larguera Planc.116. comme celle des ennemis : mais elle ne fera pas vent-arriere fans fe mettre en Ordre-de retraite , fi elle eft à la vûë des ennemis. Ainfi l'Armée A B qui ne veut pas combattre, voiant que l'Armée C D arrive fur elle , arrivera de même pour fe tenir à la même diftance.

Remarque.

Il eft des circonftances où l'Armée peut faire vent-arriere, fans fe mettre en Ordre-de retraite : comme quand elle ne veut que differer le combat, ou qu'elle veut combattre fi l'ennemi s'obftine à la pourfuivre &c. Hors de ces cas extraordinaires , l'Ordre-de retraite met mieux l'Armée en état de fe retirer fans péril.

§. V I.

Forcer les ennemis au combat.

Axiome 1.

ON peut prendre pour une maxime générale la propofition fuivante. *Quand deux Armées égales demeureut long temps en vûë, elles fe peuvent régulierement forcer au combat.* Voici les raifons qui appuient cette maxime.

I.

Si l'Armée qui veut combattre fe trouve fous-le vent, elle tiendra la bordée qui lui fait élonger l'ennemi, pour le garder à vûë en attendant que le vent change.

Remarque 1.

Pour peu qu'on ait d'expérience dans la Marine , on comprend fans peine qu'il n'eft pas prefque poffible à une Armée qui eft en vûë des ennemis, de fe tirer hors de leur vûë , à moins qu'on n'entre dans un port. Car les Armées font en mer durant une faifon où les nuits font fort courtes , les jours fort longs ; ainfi les fauffes marches étant de peu de durée ne peuvent pas beaucoup éloigner les Armées : d'ailleurs

K k ij

une

une Armée ne peut pas forcer de voiles durant la nuit, de peur de se séparer. Que fera donc l'Armée C D qui étant au-vent, se trouve en vûë de l'Armée A B ? Si elle tient le vent, l'Armée A B le tiendra de même : si elle court largue, elle perd son avantage sans rien gagner.

Planc.117.

Remarque 2.

Nous avons dit que l'Armée A B doit toûjours tenir la bordée qui lui fait élonger l'ennemi ; parceque nous supposons qu'elle veut combattre à quelque prix que ce soit : car si l'Armée A B ne vouloit combattre qu'au-vent, elle ne pourroit pas toûjours forcer l'ennemi au combat.

Exemple.

C'est ainsi qu'en usa le Comte de Tourville Vice-Amiral, & à présent Maréchal de France, dans la Campagne qu'il fit dans la Manche contre les Alliez l'an 1690. Les deux Armées se rencontrérent sur les côtes de l'Isle de Vvich ; mais les Alliez avoient le vent, & quelque effort que fît le Comte de Tourville pour les engager au Combat, ils s'opiniâtrérent à le refuser. Le Comte de Tourville qui étoit résolu de les combattre à quelque prix que ce fût, se contenta de les garder à vûë, étalant les marées & courant les bordées qui lui faisoient élonger l'ennemi, en attendant que le vent vînt à changer en sa faveur, & qu'il lui donnât le moien de forcer les Alliez au combat. Ceux-ci de de leur côté firent tous leurs efforts pour se tirer hors de la vûë des François, & ils esperoient d'autant plus en venir à bout, qu'ils se flattoient d'être plus habiles dans la connoissance de la Manche, & de ses marées ; mais tous leurs efforts furent inutiles : aprés avoir été poursuivis durant prés de quinze jours, ils furent enfin obligez d'accepter le combat, qui ne leur fut pas plus heureux que leur retraite, quoi qu'ils eussent l'avantage du vent.

I I.

Si l'Armée qui veut combattre est au-vent, elle forcera l'ennemi au combat en plusieurs manieres, selon les diverses circonstances, & les divers cas qu'il nous faut examiner exactement, parceque la chose est tres-importante.

Premier cas. 1. Si l'Armée A B qui veut combattre & qui est au-vent, trouve que son ennemi C D tient le vent : elle larguera un peu pour l'élonger : ensuite chaque Vaisseau de l'Armée A B donnera chasse au

Vaisseau

Pl.117
365
D
B
C
A
KKiij

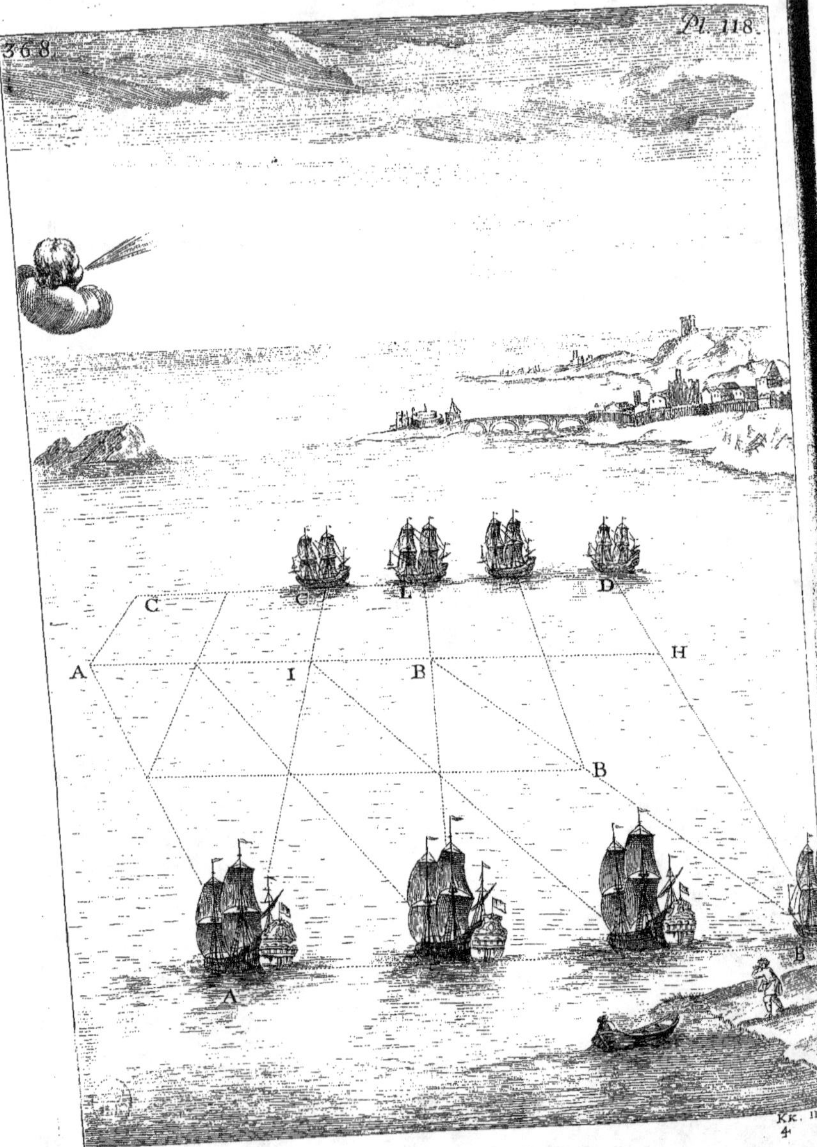

Vaiss
rivera
me 1
tée c
mais
men

N
nem
& r
che
que
fon
var
pou
cho
l'A
ari
qu
l'A
rie
C
se
à

Vaiſſeau de l'Armée CD qu'il doit combattre ; c'eſt-à-dire qu'on ar- Planc.118. rivera autant ſur l'ennemi qu'on pourra, en le tenant toûjours au mê- me rumb. De cette maniere l'Armée AB ſe trouvera bien-tôt à por- tée de l'Armée CD dans un bel Ordre, comme la figure le fait voir : mais afin que la choſe s'exécute plus régulierement, & plus exacte- ment il faut faire les remarques ſuivantes.

Remarque 1.

Nous avons dit que l'Armée AB doit premierement élonger l'en- nemi, en larguant autant qu'il eſt néceſſaire pour gagner ſon travers : & nous n'avons pas voulu que l'Armée AB ſe mît en peine d'appro- cher beaucoup l'Armée CD, avant que de l'avoir élongée. 1. Parce- que ſi l'Armée AB arrivoit ſur l'Armée CD, avant que d'être par ſon travers, elle pourroit perdre l'avantage du vent s'il venoit de l'a- vant : car la tête C ſe trouvant beaucoup plus avancée que la tête A, pourroit lui paſſer au-vent en revirant. On comprendra aiſément la choſe, ſi on ſuppoſe dans la figure que l'Armée AB aiant approché l'Armée CD, ſe trouve ſur IH au lieu de ſe trouver ſur AB : ce qui arriveroit ſans doute, ſi l'Armée AB donnoit chaſſe à l'ennemi, avant que de s'être mis par ſon travers. 2. Si l'Armée AB s'approchoit de l'Armée CD, avant que de l'avoir élongée, elle ſe trouveroit de l'ar- riere ſur IH, tandis que l'Armée CD ſe trouveroit de l'avant ſur CL : & par conſéquent une partie de l'Armée AB qui ſeroit ſur IB, ſe trouveroit à portée, avant que le reſte y fût, ce qui donneroit lieu à l'Armée CD d'éviter un combat déciſif.

Remarque 2.

Quand nous avons dit que chaque Vaiſſeau de l'Armée AB, doit donner chaſſe au Vaiſſeau qui lui répond dans l'Armée CD, nous n'a- vons pas prétendu que chaque Vaiſſeau quittât ſon poſte ; car il ne faut jamais rompre ſa ligne ſans un commandement exprés du Géné- ral. Nous avons ſeulement voulu que les Officiers Généraux de l'Ar- mée AB donnant chaſſe aux Officiers Généraux qui leur répondent dans l'Armée CD, réglaſſent la route de tous les autres Vaiſſeaux, & que chaque Vaiſſeau de l'Armée AB affectât auſſi de tenir le Vaiſſeau qu'il doit combattre dans l'Armée CD, qu'il affectât dis-je de le tenir par ſon travers, mettant ou carguant des voiles, autant qu'il ſeroit né- ceſſaire pour cela.

Kk iiiij　　　Si

Si l'Armée C D qu'on veut forcer au combat, largue de quatre rumbs, l'Armée A B l'atteindra bien-tôt. Pour le prouver, suppofons que les deux Armées font éloignées de deux lieües, & qu'elles en ont quatre d'étenduë, fi l'Armée C D court largue de quatre rumbs, par des lignes paralleles à la ligne E F, la tête A larguant un peu plus coupera le Vaiffeau E au point F, & par conféquent l'Armée A B coupera plus de la moitié de l'Armée C D, avant deux ou trois heures de chemin : en fuppofant même que l'Armée A B qui largue plus ne va pas plus vîte.

Remarque.

L'Armée A B qui largue plus, allant plus vîte que l'Armée C D, elle coupera un plus grand nombre de Vaiffeaux, & elle les coupera en moins de temps. Ainfi on peut conclurre que fi les deux Armées font à deux lieües de diftance, en moins de deux heures, plus de la moitié de l'Armée C D fe trouvera à portée de l'Armée A B.

Si l'Armée C D larguoit de l'autre bord, elle fe trouveroit encore plûtôt forcée au combat : car la queüe B couperoit le Vaiffeau G en moins d'une heure, & par conféquent l'Armée A B couperoit plus des deux tiers de l'Armée C D.

Il refte donc que l'Armée C D faffe tout à fait vent-arriere, fur quoi nous pouvons faire les réflexions fuivantes. 1. Mille accidens peuvent encore forcer l'Armée C D au combat ; les meilleurs voiliers de l'Armée A B peuvent donner chaffe aux fuyards, & engager le combat ; le vent a des inégalitez qui peuvent favorifer les victorieux, fe trouvant plus frais ou plus arriere pour eux que pour leurs ennemis : les courans, les caps, les réfales, mille autres chofes rendent les retraites peu fûres. 2. Examinons à la rigueur fi l'Armée qui court vent-arriere, ne peut pas être approchée par celle qui la pourfuit, en les fup-

pofant également nombreufes, & également vîtes. Soit donc l'Armée A B qui a cinq lieües d'étenduë, & qui eft éloignée de deux lieües de l'Armée C D qui fait vent-arriere : je dis que fi l'Armée A B tient le vent d'un ou de deux rumbs, la tête A approchera fenfible-ment le milieu E de l'Armée C D. Pour en être convaincu, confi-dérons que fi on prend les lignes égales E G, A H, la ligne G H fera moindre que A E ; & d'ailleurs les Vaiffeaux qui prennent un rumb ou deux au vent allant plus vîte que ceux qui vont vent-arriere, on ne peut pas douter que le Vaiffeau A n'approche en peu de temps le Vaiffeau E, & que la partie E D ne foit bien-tôt forcée au combat.

Remarque.

B
D
E
F
C
A
A
B
C
E
G
D

P
O
S
R
L
H
K
N
M
C
E
D
A
H
L. 2

Remarque.

L'Armée CD qui fuït, peut éviter les approches de l'ennemi en Planc.120.
deux manieres. 1. Si elle fait exactement la même route que l'Armée
qui la poursuit. 2. Si elle court un peu au-vent tantôt à ftribord,
tantôt à bas-bord ; car de cette maniere par les fecondes bordées, elle
rendra inutiles les avantages que l'ennemi auroit gagné dans les premieres. C'eft pour cela que dans l'axiome que nous avons donné au
commencement de ce §. nous avons ajoûté les mots de *long temps*, &
de *régulierement* ; parceque les Armées ne peuvent pas demeurer long
temps en vûë, qu'il n'y arrive quelques uns de ces accidens qui rom-
pent les mefures des fuyards, & qui les obligent malgré eux de combattre.

Axiome 2.

*Il n'eft gueres poffible à une Armée qui eft beaucoup inferieure, de de-
meurer long temps en préfence de l'ennemi, fans être forcée au combat.*
1. L'Armée qui eft plus nombreufe peut faire un détachement de fes
meilleurs Voiliers, qui tenant la même route que l'ennemi, l'atteindront
infailliblement, & l'engageront au combat. 2. L'Armée M P qui eft
confidérablement plus nombreufe que l'Armée R S, pourra fe divifer
en trois Efcadres, laiffant une diftance confidérable dans les entredeux,
& alors quelque parti que prenne l'Armée R S, elle fera bien-tôt coupée de la maniere que nous avons expliqué plus haut.

Remarque.

Le meilleur parti que l'Armée R S puiffe prendre dans ces circonftances, eft de fe mettre en Ordre-de retraite : mais il ne faut pas
qu'elle fe flatte pour cela d'éviter le combat, fi les ennemis s'opiniâ-
trent, & qu'elle ne puiffe pas trouver bien-tôt un azile.

Corollaire.

On voit par tout ce que nous avons dit dans ce §. combien on fe
tromperoit, fi fous prétexte qu'une Armée Navale peut éviter le combat, on vouloit qu'une Armée Navale fe tînt en vûë d'un ennemi confidérablement plus fort : car quand il feroit vrai qu'une Armée Navale
peut éviter le combat, lorfqu'elle eft égale ; il ne feroit pas vrai qu'elle
le puiffe éviter, quand elle eft beaucoup inférieure.

§. VII.

Doubler les ennemis.

L'Armée qui eſt plus nombreuſe tâchera d'élonger les ennemis, de telle maniere qu'elle laiſſe une queuë de l'arriere, qui ſe repliera enſuite ſur l'ennemi pour le doubler, & le mettre entre deux feux.

Remarque 1.

Si l'Armée qui eſt plus nombreuſe eſt au-vent, elle pourra plus aiſément replier ſa queuë ſur celle de l'ennemi, & le mettre entre deux feux : mais ſi l'Armée qui eſt plus nombreuſe eſt ſous-le vent, elle ne doit pas moins laiſſer une queuë de l'arriere, parceque le vent peut changer durant le combat ; d'ailleurs l'Armée qui eſt ſous-le vent, peut larguer inſenſiblement en combattant, pour donner lieu à ſa queuë de ſe replier ſur l'ennemi en pinçant le vent.

Remarque 2.

Je ſçai que pluſieurs habiles gens ſont perſuadez qu'il faut doubler les ennemis par la tête : parceque ſi la tête des ennemis eſt une fois en deſordre, elle tombe ſur le reſte de l'Armée, & elle y met infailliblement la confuſion : car ſi la tête A de l'Armée AB ſe trouve démâtée, elle tombe ſur les Vaiſſeaux qui viennent aprés, ceux-ci ſur les ſuivans, & bien-tôt tous les Vaiſſeaux ne pouvant plus avancer, ſe mêlent, ſe doublent, s'abordent. La choſe paroîtra vrai-ſemblable, ſi on ne fait pas réflexion, que les Vaiſſeaux dans l'Armée AB ſont rangez ſur une ligne, avec des diſtances qui donnent lieu au Vaiſſeau A de paſſer au-vent du Vaiſſeau E, qui pour lui faciliter la choſe peut un peu arriver, ſans craindre nulle confuſion. La tête A ſe tireroit encore plus aiſément d'intrigues, ſi l'Armée AB étoit ſous-le vent ; d'où je conclus que ce n'eſt pas un grand avantage pour l'Armée CD d'avoir doublé l'Armée AB par la tête ; parceque les Vaiſſeaux de l'Armée AB qui ſont deſemparez, peuvent ſe retirer, ſans que les Vaiſſeaux G, F puiſſent les pourſuivre, à moins qu'ils ne veüillent eſſuier tout le feu de l'Armée ennemie, & ſe mettre en un danger évident de périr. Au con-

traire ſi les Vaiſſeaux L, M, de l'Armée CD ont doublé la queuë B, & que le Vaiſſeau B vienne à être deſemparé, il ne peut pas s'empêcher d'être la proye des Vaiſſeaux L, M, qui fondront ſur lui, ou qui le feront tomber ſur la queuë D.

Remarque.

D
M
E
G
I
N
4.

Remarque 3.

Je trouve de même que si les Vaisseaux E, M, de l'Armée C D Planc.122.
avoient doublé la tête A, ils se feroient mis dans un grand danger de
périr : car si le Vaisseau E est desemparé, comment pourra-t il regagner son Armée ? ne sera-t il pas aisé à l'ennemi de le faire périr en
mille manieres ? Au contraire si les Vaisseaux L, N, de l'Armée F G Figur. 2.
ont doublé la queuë I de l'ennemi, & que le Vaisseau L soit desemparé, il demeurera de l'arriere sans que la queuë I puisse courir sur lui,
étant assez occupée par les Vaisseaux G, N.

Exemple.

Rien ne peut mieux confirmer tout ceci, que le combat qui se don- Combat de
na par le travers de la Hougue l'an 1692. L'Armée de France étoit de la Hougue.
quarante-quatre Vaisseaux de guerre sous le commandement du Comte 1692.
de Tourville Vice-Amiral, & à présent Maréchal de France, qui portoit
Pavillon d'Amiral:les Alliez avoient plus de quatre vingts-dix Vaisseaux
de ligne sous le commandement de l'Amiral Russel. Les François aiant
le vent, arrivérent en bon ordre sur l'ennemi ; mais étant si inférieurs
en nombre il leur fut impossible de l'élonger si bien, qu'ils ne laissassent
de l'arriere plusieurs de ses Vaisseaux, qui firent une queuë assez longue.
Le vent qui étoit d'abord Sud-Oüest aiant tourné au Nord-Oüest, donna lieu à la queuë des Alliez de se replier sur celle de France, de sorte
que le Comte de Tourville se vit bien-tôt avec sa Division au milieu des
ennemis. La postérité ne pourra pas croire ce qui se passa dans cette occasion ; huit ou neuf Vaisseaux François combattirent des deux bords
durant sept heures cette foule d'Alliez qui les entouroient. L'Amiral
Anglois plia deux fois, plusieurs de ses Vaisseaux furent desemparez :
on dit même qu'il en périt deux, sans que les François perdissent un
mât, ni une chaloupe. Le calme étant survenu, & la marée portant
au Nord-Est, le reste de l'Armée Françoise alloit tomber au milieu des
ennemis : si le Comte de Tourville qui aimoit mieux essuier lui seul
tout le péril, n'eût envoié par tout l'ordre de moüiller. Il moüilla lui
même au milieu des Anglois, dont six Vaisseaux qui étoient moüillez
à demi-portée, faisoient pleuvoir sur lui une grêle de boulets. Leurs
Brûlots étoient beaucoup plus à craindre : ils en avoient quantité de
moüillez au dessus de nous, & à la faveur de la marée ils en amené-
rent cinq jusques sous nôtre beaupré, où paroissant tous en feu ils auroient effraié les plus intrépides. Mais le Comte de Tourville malgré
la vûë de tant de périls, & malgré l'horreur d'une journée si affreuse,
mit si bien en usage les maneuvres les plus fines de son art, qu'il rendit
ces cinq Brûlots inutiles ; il évita les uns d'un coup de gouvernail, il

fit faifir les autres avec des crocs de fer par des chaloupes, qui les re-
morquérent à l'écart, il coupa & moüilla une autre ancre pour faire place
au plus inévitable des cinq, il les évita tous les uns aprés les autres. Il
continua enfuite de foûtenir les ennemis, & de les combattre avec tant
de vigueur, qu'ils furent enfin contraints eux mêmes de couper & de
s'abandonner à la marée, laiffant le champ de bataille aux François,
qu'ils avoient combattu avec tant d'avantage, & fi peu de fuccez. Une
jufte reconnoiffance m'oblige de ne pas oublier le Chevalier de Coet-
logon chef d'Efcadre, qui par une valeur incomparable vint partager
le péril, & la gloire de cette action. Il étoit Contre-Amiral Bleu, &
fon pofte naturel l'avoit mis hors de la portée des ennemis : mais voiant
l'Amiral de France au milieu des Anglois, où on le croioit perdu, il
obtint la permiffion de quitter fon pofte, & s'étant fait jour à travers
les ennemis qui entouroient fon Général, il vint moüiller auprés de
lui, pour le fauver, difoit-il à fes Officiers, ou pour périr avec lui.

§. V I I I.

S'empêcher d'être doublé.

Planc.123. POur s'empêcher d'être doublé, il faut abfolument empêcher que
l'Armée ennemie n'ait une queuë de l'arriere de nous, & pour cela on peut fuivre plufieurs partis, quand on eft beaucoup inférieur en
nombre.   I.

Si on eft au-vent, on peut laiffer quelques Vaiffeaux ennemis de l'a-
vant, faifant tomber nôtre tête A fur leur feconde Divifion F. De
cette maniere leur premiere Divifion F G fera prefque inutile, & fi elle
veut forcer de voiles pour revirer fur nous, elle perdra beaucoup de
temps, & elle fe mettra en danger d'être féparée par le calme, qui fur-
vient d'ordinaire dans ces fortes d'actions, à caufe du grand bruit de
l'artillerie. On pourra encore laiffer un grand vuide E au milieu de
l'Armée, pourveu qu'on prenne les précautions néceffaires pour empêcher que nôtre Avant-garde ne foit coupée. Par ce moien quelque inférieur qu'on foit en nombre, on pourra empêcher que l'ennemi n'ait
une queuë de l'arriere de nous.

Exemple.

Tout le monde n'a pas defaprouvé la maniere dont l'Amiral Herber
rangea fon Armée, quand il arriva fur les François dans le combat de
Bevefier l'an 1690. Il avoit quelques Vaiffeaux moins que nous : &
il étoit réfolu de faire fes plus grands efforts contre nôtre Arriere-garde. C'eft pourquoi il ordonna à la premiere Divifion Holandoife de
tomber fur nôtre feconde Divifion, enfuite il ouvrit fon Armée au
milieu, laiffant un grand vuide par le travers de nôtre Corps-de bataille :

386

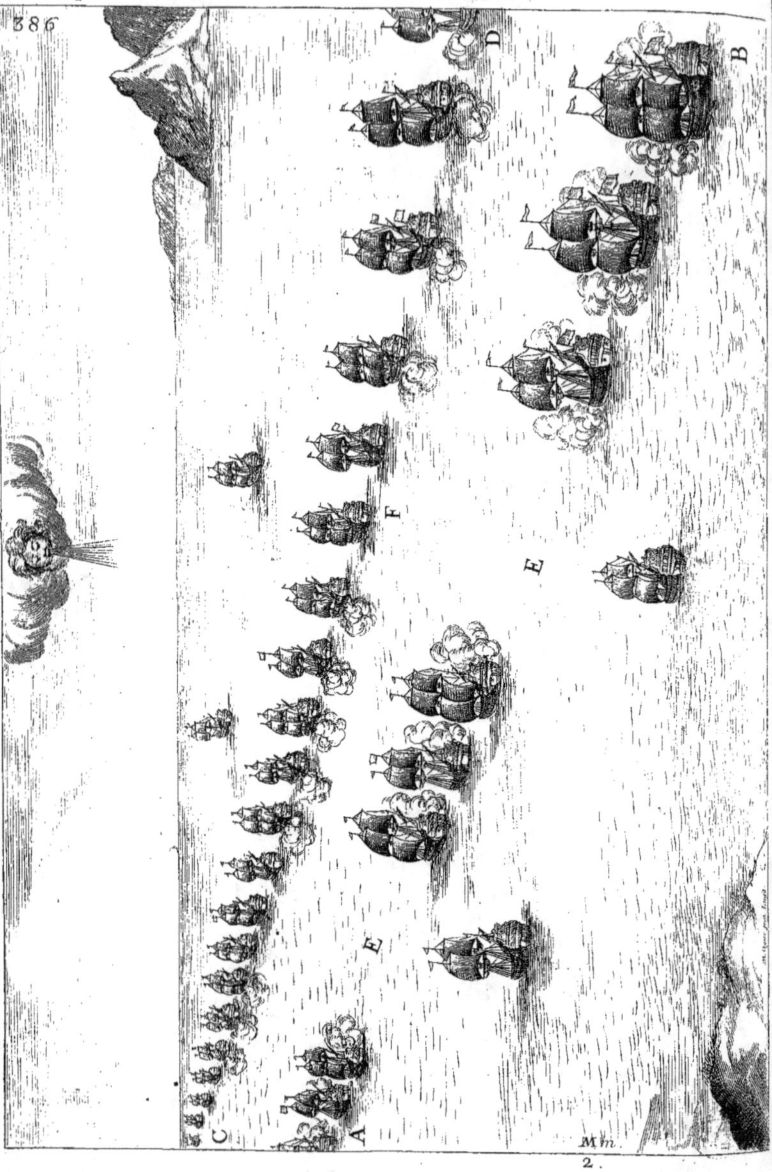

taille.   Aprés quoi aiant extrêmement ferré fes Anglois, il les oppofa à nôtre Arriere-garde, & il fe tint avec fa Divifion un peu au large, afin d'empêcher que les François ne profitaffent du vuide qu'il laiffoit dans fon Armée, pour doubler les Holandois. Cet Ordre rendit en effet nôtre premiere Divifion prefque inutile, parcequ'il lui fallut faire une fort longüe bordée, pour revirer fur la tête des ennemis ; & le vent aiant calmé, elle eut peine de fe trouver affez à temps pour partager la gloire de l'action.   D'autre part les Anglois qui étoient extrêmement ferrez, eurent d'abord quelque avantage fur nôtre queüe qu'un accident fit plier; mais les Vaiffeaux fuivans animez par l'exemple du Comte d'Eftrées Vice-Amiral de France qui commandoit l'Arriere-garde, foûtinrent avec tant de valeur le grand nombre d'Anglois qui tomboient fur eux, que ceux-ci ne pouvant plus fouffrir le feu des François, pincérent le vent, & fe firent remorquer par leurs chaloupes, pour fe tirer au large des victorieux.

II.

Si l'Armée moins nombreufe eft fous-le vent, on pourra laiffer plus de vuide au milieu, & moins de l'avant ; mais il faudra avoir un petit détachement de Vaiffeaux de guerre & de Brûlots, afin d'empêcher que les ennemis ne profitent des vuides de l'Armée, pour la divifer.

III.

D'autres aiment mieux donner pour une régle générale, que les Officiers généraux de l'Armée moins nombreufe s'attachent aux Officiers généraux de l'Armée ennemie ; car par ce moien plufieurs Vaiffeaux ennemis demeurent inutiles dans les intervalles E, & l'ennemi ne peut pas vous doubler.

Remarque.

Cette maniere ne laiffe pas d'avoir fes inconveniens, parceque la tête & la queüe de chaque Divifion font exposées au feu de deux Vaiffeaux, & qu'on n'évite pas le danger où fe trouve la derniere Divifion, d'être doublée par la queüe ennemie. Pour remédier à ces deux inconveniens, on peut mettre les plus gros Vaiffeaux à la tête & à la queüe de chaque Divifion, & on peut faire enforte que la derniere Divifion ne laiffe point de queüe derriere foi.

IV.

D'autres aiment mieux que les trois Efcadres de l'Armée moins nombreufe attaquent chacune une Efcadre de l'Armée plus nombreufe, en obfervant que chaque Efcadre élonge l'ennemi de telle maniere qu'elle ne laiffe point de queüe de l'arriere, mais plûtôt qu'elle laiffe plufieurs Vaiffeaux de l'avant.

Mm ij			V.

V.

Enfin il y en a qui veulent, que l'Armée moins nombreuse mette une si grande distance entre ses Vaisseaux, qu'elle fasse une ligne égale à celle des ennemis : mais ce dernier parti est sans doute le moins bon ; parce qu'il donne lieu à l'ennemi d'employer toutes ses forces contre l'Armée moins nombreuse. Je conviens pourtant que ce parti pourroit être preferé aux autres en certaines circonstances ; comme quand les Vaisseaux ennemis sont considérablement moins forts, que les Vaisseaux de l'Armée moins nombreuse.

§. IX.

Recevoir les ennemis qui arrivent sur nous.

L'Armée qui est sous-le vent, voiant arriver les ennemis sur elle, se mettra en ligne-de combat, en larguant un peu pour gagner du temps, & pour faciliter l'arrangement. On observera de laisser quelques intervalles entre les Divisions, pour donner comme du jeu à l'Armée. Ensuite chaque Commandant s'attachera à se conserver par le travers des Vaisseaux ennemis que son Général lui aura destinez, forçant, ou carguant des voiles, ou revirant même de pouppe à proüe, s'il étoit absolument nécessaire, pour conserver son poste par rapport à l'ennemi.

§. X.

Traverser l'Armée ennemie.

I.

Planc.125. ON trouve dans les rélations des combats donnez dans la Manche entre les Anglois & les Holandois, que leurs Armées se traversoient souvent ; c'est-à-dire que l'Armée CHD qui étoit sous-le vent, aiant un peu couru de l'avant reviroit par la contre-marche, & coupoit l'Armée AB au point E, & aiant reviré une seconde fois au point C, gagnoit le vent à l'ennemi ; mais celui-ci reviroit à son tour, & coupoit l'Armée qui lui avoit gagné le vent. De cette maniere les deux Armées se traversoient plusieurs fois, ce qui leur donnoit lieu de se couper, de se prendre, de se faire périr mutuellement plusieurs Vaisseaux.

Remarque.

Cette maneuvre est également hardie & délicate, & il faut être consommé dans le métier, pour y réüssir aussi heureusement que fit le Comte d'Estrées Vice-Amiral, & à présent Maréchal de France, dans le combat du Texel l'an 1673. car il traversa l'Escadre de Zelande, lui gagna le vent, la dissipa, & mit les ennemis en un si grand désordre, qu'il fit déclarer la victoire qui étoit encore en balance. II.

B
C
D
E
H
A
Carelse

M. Ogier fecit Lugd.

I I.

Il me semble qu'il est aisé à l'Armée C D, d'empêcher que l'Ar- Planc.126.mée A B ne la coupe. 1. Quand l'Armée A B revire par la contre-marche, l'Armée C D peut revirer toute en même temps, ce qui em-pêchera la tête A d'atteindre jamais l'ennemi pour le couper. 2. Si l'Armée C D ne veut pas d'abord revirer toute en même temps, de peur qu'elle ne paroisse fuïr, elle pourra laisser passer la tête A de l'Ar-mée A B au point E, revirant ensuite toute en même temps elle met-tra les Vaisseaux ennemis E entre deux feux, & les aiant bien-tôt dé-faits, elle coupera sans peine la tête A, & les autres Vaisseaux ennemis qui l'auront déja traversée.

I I I.

Je ne vois donc pas qu'il faille beaucoup craindre l'ennemi qui veut nous traverser : & même je ne pense pas qu'on doive jamais faire cette maneuvre sans une des trois conditions suivantes. 1. Si on y est con-traint, pour éviter un plus grand mal. 2. Si l'Armée ennemie laissant un grand vuide au milieu de ses Escadres, rend inutile une partie de nôtre Armée. 3. Si plusieurs Vaisseaux F G de l'Armée C D sont desemparez ; car alors on pourroit faire revirer les Vaisseaux E H tous en même temps, & ensuite le reste H B de l'Armée A B par la con-tre-marche, pour tâcher de couper la queuë G D.

I V.

On est quelquefois obligé de traverser l'Armée ennemie pour déga-ger nos Vaisseaux que les ennemis auroient coupez ; & en ce cas il faut risquer quelque chose ; mais on doit garder plusieurs précautions. 1. On se doit extrêmement serrer. 2. On doit forcer de voiles, sans se mettre en peine de combattre en traversant l'ennemi. 3. Les Vais-seaux qui ont traversé doivent revirer le plûtôt qu'ils peuvent, pour em-pêcher que l'ennemi ne continuë la même bordée que l'Armée qui le traverse.

Exemple.

Jamais personne ne ménagea mieux ces sortes de traversées que l'A- *Combat du Nord l'an 1666.*miral Ruiter dans le combat où il battit les Anglois l'onziéme de Juin,& les trois jours suivans l'an 1666. Les deux Armées étoient chacune de prés de cent Vaisseaux de ligne : mais le Prince Robert avec vingt gros Vaisseaux, s'étoit détaché de l'Armée d'Angleterre, pour aller au de-vant d'une Escadre Françoise qui venoit joindre les Holandois ; & il avoit laissé le commandement du reste de l'Armée au Général Munk. L'Armée de Holande avoit moüillé en ligne à l'Est-Sud-Est de la poin-te Nord d'Angleterre ; Ruiter en avoit le Corps-de bataille, Tromp l'Avant-garde au Sud, & Evers l'Arriere-garde au Nord : le vent étoit au Sud-Sud-Oüest. Le général Munk qui étoit au-vent des ennemis

M m iiiij   résolut

réfolut d'aller à eux , quoi qu'il eût environ vingt Vaiffeaux de moins. Peut-être qu'il crût les furprendre à l'ancre ; peut-être auffi que la victoire de l'année précédente lui fit méprifer l'ennemi : ou mê-me le defir d'avoir tout l'honneur du combat l'aveugla, & le fit préci-piter de fe battre durant l'abfence du Prince Robert. Quoi qu'il en foit, il vint à toutes voiles fur les Holandois, qui l'attendirent à l'ancre juf-ques à ce qu'il fût à portée. Alors aiant coupé leurs cables, ils commen-cérent le combat fur le midi avec beaucoup de vigueur. Le vent étoit fi frais que les Anglois ne pouvant pas fe fervir de leurs batteries baf-fes , avoient beaucoup de defavantage : c'eft pourquoi aprés trois heu-res de combat ils revirérent tous en même temps au Nord-Oüeft , & arrivant de quelques rumbs ils prirent le parti de la retraite, aprés avoir laiffé quatre de leurs Vaiffeaux defemparez au pouvoir des enne-mis. Les Holandois pourfuivirent les fuyards , mais ceux-ci tour-nant tête continuérent le combat jufques à dix heures du foir. Le len-demain les Anglois revinrent à la charge , & le combat fut plus opi-niâtré que le jour précédent : les Armées fe traverférent plufieurs fois, & ce fut dans cette occafion que Ruiter fit éclater fon habileté & fa va-leur : car voiant que la plus grande partie de fon Avant-garde avoit été coupée , & qu'elle couroit grand rifque d'être la proye des ennemis qui l'entouroient, il traverfa de nouveau l'Armée Angloife , & donna deffus avec tant de fureur qu'il délivra les fiens , & mit les ennemis en fuite. Mais le lendemain le Prince Robert qui avoit rejoint fon Armée , re-commença le combat , où Ruiter gagna enfin le vent aux ennemis , & parce qu'il n'étoit plus fi frais, il en profita fi bien qu'il auroit entie-rement défait les Anglois , fi une brume ne les eût tiré des mains du victorieux , aprés la perte de leur Amiral blanc , & de quinze autres de leurs gros Vaiffeaux : les Holandois n'en perdirent que quatre.

§. X I.

Mettre une Armée hors d'infulte dans un Port.

Planc.127. SOit la rade A dont l'entrée eft B ; on moüillera les Efcadres C D, E F de part & d'autre fi prés de terre, qu'un Vaiffeau ne puiffe pas paffer dans l'entredeux. On moüillera encore des Brûlots comme G tout contre la terre à l'entrée, & on couvrira les premiers Vaiffeaux C, E de bonnes Eftacades. De cette maniere les ennemis B ne pourront pas entrer dans la rade, fans fe mettre fous-le vent des Brûlots & des Vaif-feaux de l'Armée, qui par conféquent aura toute forte d'avantages fur eux.

Remarque.

F
D
A
C
E
G

Remarque.

Quoique ce soit une entreprise bien hardie d'aller insulter une Armée dans une rade fermée : cependant une Armée ne doit pas négliger les précautions précédentes, parceque la chose n'est pas impossible quand on ne les a pas prises, & qu'on a à faire à un ennemi également habile & vaillant.

Exemple.

Jamais action ne fut plus hardie, mieux concertée, & plus complette, que celle du Comte d'Estrées Vice-Amiral & à présent Maréchal de France, sur l'Armée Holandoise qui s'étoit enfermée dans le port de Tabago l'an 1677. Le port de Tabago est un bassin assez grand, où on ne peut entrer que par un canal fort étroit la sonde à la main. C'étoit là que le Général Binkes avoit mis son Escadre composée de dix Vaisseaux de guerre Holandois, & de plusieurs autres bâtimens qu'il avoit posté sous le canon d'un assez bon fort, comme dans un lieu tout à fait hors d'insulte. Mais il est des ames qui ne trouvent rien d'impossible. Le Comte d'Estrées qui commandoit six Vaisseaux & quatre Frégates, avoit eu ordre d'attaquer Tabago, d'en ruïner le Fort & l'établissement que les Holandois y avoient, & de chercher ensuite l'Escadre Holandoise pour la combattre, & pour la défaire entierement. Lorsqu'il eut appris que les Vaisseaux Holandois étoient sous les batteries de Tabago, il jugea bien qu'il faloit faire les deux expéditions en même temps. Ainsi aprés avoir mis des troupes, du canon, & des munitions à terre, avec un Commandant à qui il donna les ordres nécessaires pour attaquer le Fort, il entra avec son Escadre dans le port pour insulter en même temps les Vaisseaux. Ce fut le vingt-septiéme de Février que s'executa un si glorieux dessein. Le sieur Gabaret chef d'Escadre voulut entrer le premier ; mais le Fort & les Vaisseaux ennemis firent un si grand feu sur lui, que ce vaillant homme fut tué de plusieurs boulets qui le mirent en piéces, & son Vaisseau fut entierement desemparé. Les sieurs de Montortier & de Blenac ne laissérent pas d'entrer, & ils donnérent sur les ennemis avec tant de fureur, qu'on vit bien-tôt deux de leurs Vaisseaux en feu ; & l'incendie s'étendant à deux Flûtes chargées de femmes & d'esclaves, fit retentir la rade des cris pitoyables de mille malheureux, & augmenta l'horreur que le bruit de l'artillerie y causoit déja. Le Comte d'Estrées suivant de prés le sieur de Blenac se jetta comme un lion sur l'Amiral Holandois, & y porta bien-tôt la terreur, la confusion, & le désordre : le feu s'y prit, & aiant gagné les poudres l'enleva en l'air, avec une nuée de débris enflammez qui retombant sur le Vaisseau du Comte d'E-

Expédition de Tabago l'an 1677.

N n

strées

ftrées y mirent auffi le feu, & obligérent ce Général intrépide de fe
jetter dans un efquif, & enfuite de fe fauver en nageant vers le rivage.
Ce fut là que la préfence de ce Heros prefque feul, fans armes, & tout
couvert de fon fang, defarma les foldats Holandois qui y étoient re-
tranchez. Cependant tous les Vaiffeaux François avoient fuivi leur
Général dans le port, & animez par fon exemple, ils avoient porté par
tout le feu & l'épouvante. Toute la rade étoit couverte d'une épaiffe
fumée, au travers de laquelle on voioit de toute part des Vaiffeaux qui
brûloient, des débris, des corps morts qui flottoient, & un grand
nombre de gens, qui malgré une fi horrible confufion, nageoient encore pour gagner la terre. Tous les Vaiffeaux ennemis au nombre de
quatorze furent brûlez ou coulez à fond, & le Comte d'Eftrées aiant
appris qu'on avoit manqué le Fort pour n'avoir pas fuivi précisément
fes ordres, fe rembarqua avec fes gens, & retourna plein de gloire en
France, où il fut reçû avec les applaudiffemens que meritoit une fi
belle action.

TRAITÉ
DES EVOLUTIONS
NAVALES.

꙰ ꙰ ꙰ ꙰ ꙰ ꙰ ꙰ ꙰ ꙰ ꙰ ꙰ ꙰ ꙰ ꙰ ꙰ ꙰ ꙰ ꙰ ꙰ ꙰

DERNIERE PARTIE,

Quelques remarques pour faciliter la pratique.

EXPLICATION DU SUJET.

E pense avoir donné dans les cinq premieres Parties de ce traité, tout ce qui étoit nécessaire à mon dessein. Car j'ai appris à former les divers Ordres dont les Armées navales sont capables, à y changer l'arrangement des Escadres & des Divisions, à rétablir les Ordres quand le changement du vent les a troublez, à faire passer l'Armée d'un Ordre à l'autre : enfin j'ai expliqué en général les mouvemens qu'une Armée peut faire, soit en présence des ennemis, soit en leur absence, devant ou aprés le combat. Il reste donc seulement que je donne ici quelques remarques pour faciliter la pratique : & c'est à quoi je vais m'appliquer. Je commencerai par la maniere dont on divise l'Armée, par le poste qu'on donne à chaque Vaisseau ; je donnerai ensuite une maniere aisée à chaque Vaisseau pour tenir exactement son poste. Je dirai un mot de la tempête, & je finirai par les signaux qui sont d'une tres-grande conséquence dans les Armées Navales. Je n'ai pas crû devoir marquer les précautions qu'on prend quand on équippe une Armée Navale, les agrêts & les munitions dont elle se doit pourvoir. La Providence nous a donné des Ministres & des Intendans qui semblent

N n ij

avoir

avoir fait l'impoſſible ſur ce point par leur application, & par leur étenduë de genie. Ils ont mis les choſes ſur un pied, qu'on arme plus aiſément cent Vaiſſeaux en France dans le temps où nous ſommes, qu'on n'en armoit autrefois trente. Pour ce qui eſt des fonctions, du rang, & des prérogatives des Officiers de la Marine, on ne peut rien ajoûter à ce qu'on en a déterminé dans les Ordonnances.

§. I.

Comment on diviſe une Armée Navale.

I.

QUand une Armée Navale a ſoixante Vaiſſeaux de ligne, on la diviſe en trois Eſcadres, dont chacune a ſes trois Diviſions, & ſes trois Officiers Généraux, Amiral, Vice-Amiral, Contre-Amiral. Chaque Eſcadre a ſa couleur, & chaque Diviſion a ſon mât : par exemple la couleur blanche eſt propre de la premiere Eſcadre en France, la couleur blanche & bleuë de la ſeconde, & la couleur bleuë de la troiſiéme ; c'eſt-à-dire que l'Amiral de l'Eſcadre blanche porte un pavillon blanc au grand mât, l'Amiral de l'Eſcadre blanche & bleuë un pavillon blanc & bleu au grand mât &c. De même le Vice-Amiral de l'Eſcadre blanche porte un pavillon blanc à la Mizaine, & le Contre-Amiral de l'Eſcadre blanche porte un pavillon blanc à l'Artimon &c. Les Vaiſſeaux particuliers portent des flammes de la couleur de leur Eſcadre, & au mât de leur Diviſion : Ainſi un Vaiſſeau de la derniere Diviſion de l'Eſcadre bleuë porte une flamme bleuë à l'Artimon.

Remarque.

On peut facilement faire en ſorte qu'on connoiſſe dans une Armée chaque Vaiſſeau par le moien d'une flamme & d'une giroüette, comme nous l'apprend le Chevalier de Beaujeu. Car ſi on met une giroüette blanche au grand mât pour le premier Vaiſſeau de chaque Diviſion, une giroüette rouge pour le ſecond, une giroüette bleuë pour le troiſiéme, une giroüette blanche & rouge pour le quatriéme, une giroüette blanche & bleuë pour le cinquiéme, & qu'on faſſe de même à la Mizaine & à l'Artimon, on aura de quoi marquer quinze Vaiſſeaux dans chaque Diviſion. Il faudra ſeulement obſerver que les giroüettes ſoient plus larges qu'à l'ordinaire. De cette maniere quand je verrai un Vaiſſeau qui aiant une flamme blanche à l'Artimon, portera une giroüette rouge au grand mât, je ſçaurai que c'eſt le ſixiéme Vaiſſeau de la troiſiéme Diviſion de l'Eſcadre blanche ; & par conſéquent que c'eſt un tel Vaiſſeau.

II.

Les Officiers Généraux ou les Commandans des Diviſions ſe tiennent toûjours au milieu des Diviſions qu'ils commandent. Il faut excepter

M. Ogier Fecit Lugd.

cepter les trois Amiraux, qui dans les Ordres-de marche se tiennent à
la tête de leurs Escadres.

§. II.

Poste des Brûlots, & autres bâtimens de l'Armée Navale.

I.

Dans tous les Ordres-de marche les Brûlots & les autres bâti- Planc. 128.
mens de l'Armée sont au-vent. On en use ainsi pour plusieurs
raisons. 1. Afin que ces sortes de bâtimens soient moins en danger
d'étre pris, quand ils pourront se refugier vent-arriere au milieu de
l'Armée. 2. Afin qu'ils soient plus à portée de se rendre auprés des
Commandans, quand il sera nécessaire. 3. Afin qu'ils ne fassent pas
attendre le reste de l'Armée, étant plus propres à courir vent-arriere,
qu'à tenir le vent. On mettra donc les Brûlots & les bâtimens de charge de l'Armée A B sur la ligne C D, & ceux de l'Armée E F G sur
l'angle H I L.

Remarque 1.

Quoique ces sortes de bâtimens ne tiennent pas si bien le vent que
les Vaisseaux de guerre : il ne leur sera pas mal-aisé de se tenir au-vent
de l'Armée ; parce qu'ils ne sont pas si gênez dans leurs postes, que
les Vaisseaux de guerre, qui perdent beaucoup de temps par les maneuvres qu'ils font sans cesse obligez de faire, pour s'accommoder à
leurs voisins. D'ailleurs les Armées ne font pas long temps force de
voiles, & les bâtimens qui n'ont pas un poste si exactement réglé,
peuvent profiter de tous les momens que l'Armée demeure en pane,
ou qu'elle fait peu de voiles.

Remarque 2.

Ces sortes de bâtimens ne doivent pas beaucoup s'éloigner de l'Armée, pour les trois raisons qui les font mettre au-vent ; & on peut dire
en général qu'une demi-lieuë est la plus grande distance qu'on puisse
leur accorder. Mais il faut observer que quand l'Armée n'est pas rangée
sur une ligne, ou sur trois Colomnes, les Brûlots & les bâtimens de
charge ne doivent pas être plus éloignez des Vaisseaux de guerre,
que ceux-ci le sont les uns des autres.

Oo ij   II.

II.

Nous avons déja dit que dans l'Ordre-de retraite les Brûlots & les bâtimens de charge font fous-le vent. Ainfi les Brûlots de l'Armée A B C, font fur l'angle D E F.

Remarque 1.

Les mêmes raifons qui font mettre ces fortes de bâtimens au-vent dans les Ordres-de marche, les font mettre fous-le vent dans celui-ci. 1. Ils font moins en danger d'être pris, parceque l'Armée les enferme comme dans une demi-lune, les mettant à couvert du côté des ennemis. 2. L'Armée allant toûjours vent-arriere dans cet Ordre, ces fortes de bâtimens n'ont qu'à mettre en pane, pour joindre leurs Commandans, quand il eft néceffaire. 3. Si l'Armée vient à être obligée de fe mettre en bataille, pour combattre l'ennemi qui la pourfuit, ces fortes de bâtimens fe trouvent dans leur pofte naturel, comme nous verrons plus bas.

Remarque 2.

Dans l'Ordre-de retraite les bâtimens de charge & les Brûlots fe tiennent plus éloignez de l'Armée que dans les autres Ordres. 1. Afin qu'ils ne retardent pas la marche de l'Armée. 2. Afin que fi l'Armée vient à fe mettre en bataille, ils fe trouvent à la diftance requife.

III.

Dans l'Ordre-de bataille lorfqu'on n'eft pas en préfence des ennemis, on met les Brûlots, & les bâtimens de charge au-vent, comme dans les Ordres-de marche ; mais la diftance doit être d'une demi-lieüe.

IV.

Quand les deux Armées font en préfence, on met les Brûlots & les bâtimens de charge à demi-lieüe de l'Armée, du côté opposé à celui des ennemis. Ainfi l'Armée qui eft au-vent, a fes Brûlots & fes bâtimens de charge demi-lieüe au-vent, & l'Armée qui eft fous-le vent, les a demi-lieüe fous-le vent : nous avons déja donné la même régle plus haut.

Remarque.

Les Brûlots de l'Armée qui eft fous-le vent, doivent fe tenir un peu de l'avant des Vaiffeaux à qui ils font deftinez : afin qu'ils aient moins de peine à les joindre, s'il eft néceffaire.

§. III.

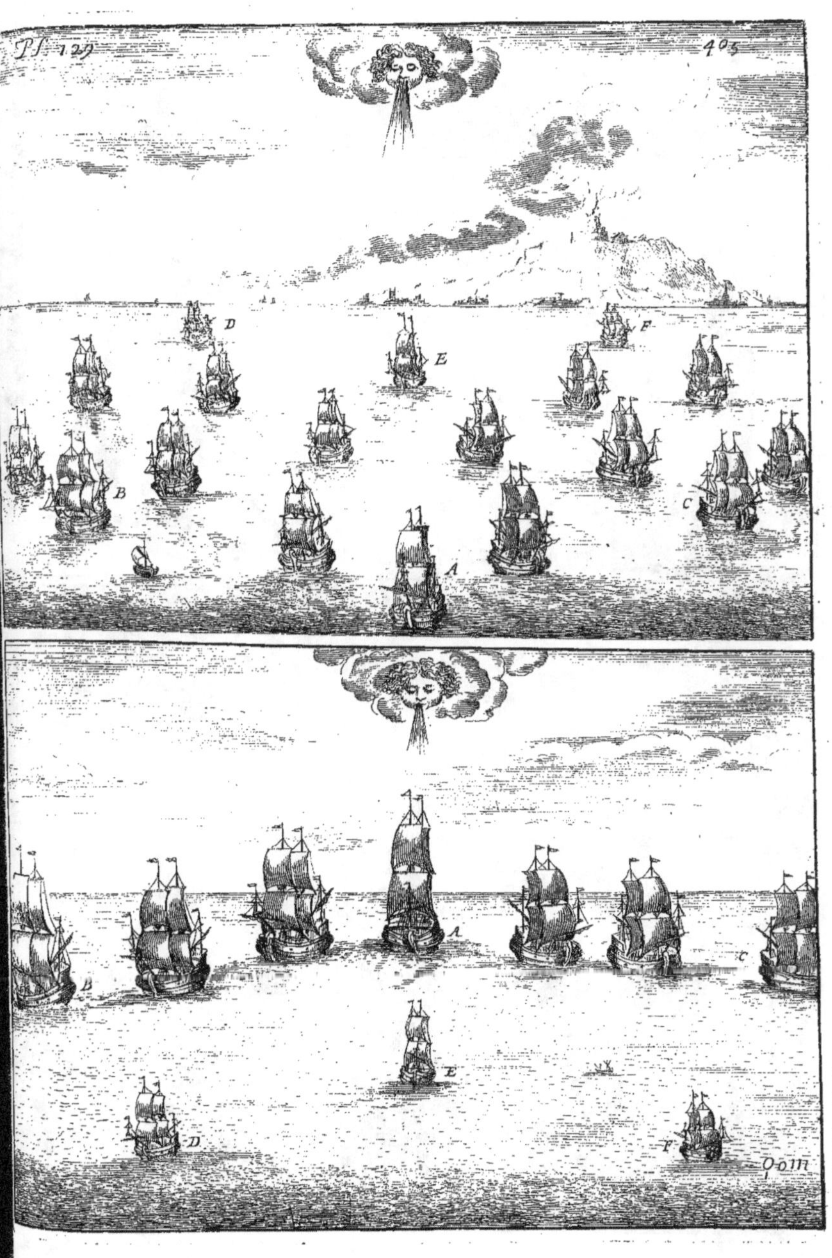
Pl. 129
405
D
E
F
B
C
A
A
B
C
E
D
F
Oom

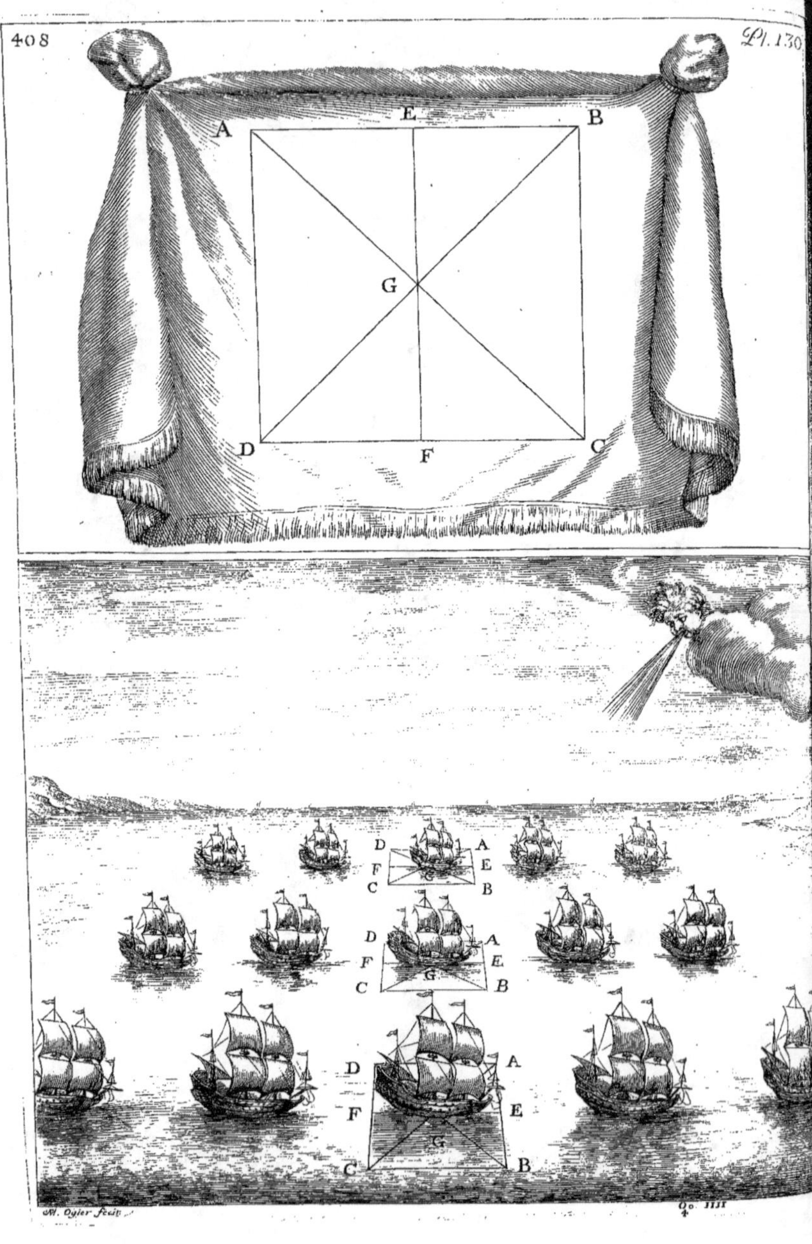
Pl. 130
A E B
G
D F C
D A
F E
C B
D A
F E
C G B
D A
F E
C G B
M. Ogier fecit
Qo IIII

§. III.

Du Quarré Naval.

I.

POur faciliter les mouvemens de l'Armée, on fait fur le pont du Vaiffeau entre le grand mât & l'Artimon, un grand quarré ABCD, dont la ligne EF répond à la quille du Vaiffeau, de telle maniere que le point E eft du côté de la prouë, & le point F du côté de la pouppe. La ligne FE repréfente donc toûjours la route que tient le Vaiffeau, les lignes AB, CD marquent fon travers, & quand le Vaiffeau eft au plus-prés, les diagonales CA, DB marquent l'une la route que tiendra le Vaiffeau quand il aura reviré, & l'autre fon travers. Nous appellons la diagonale CA, *Diagonale ftribord*, parce que quand le Vaiffeau eft amuré ftribord, il revire fur la diagonale A-C : & nous appellons la diagonale DB, *Diagonale bas-bord*, parce que quand le Vaiffeau eft amuré bas-bord, il revire fur la diagonale DB. La raifon de tout ceci eft fondée, fur ce que les deux lignes du plus-prés font un angle qui vaut douze rumbs, ou font le même angle que les lignes GE, GD, & GE, GC : c'eft pourquoi fi un Vaiffeau court au plus-prés par la ligne GE, il faudra qu'il coure à l'autre bord par la ligne GD, ou par la ligne GC.

Planc.130.
Ce que c'eft que la Diagonale.

II.

Ce Quarré eft d'un grand ufage, pour tenir facilement fon pofte à la mer dans une Armée. Par exemple fi l'Armée eft fur trois Colomnes, & qu'elle faffe route au plus-prés fur quoi fes Colomnes font rangées : tous les Vaiffeaux dela même Colomne fe répondront par les lignes FE du Quarré, & les Vaiffeaux d'une Colomne répondront à ceux des autres Colomnes par les lignes CD.

Premier ufage.
Figur. 2.

Remarque.

De cette maniere il fera fort aifé à l'Officier qui fe proméne fur le pont, de voir d'un coup d'oeil s'il eft dans fon pofte : car aiant fait mettre fon Vaiffeau au plus-prés, il verra des points F, E, fi les Vaiffeaux de fa Colomne lui répondent par la ligne FE, & des points C, D, fi les Vaiffeaux qui doivent être par fon travers dans les autres Colomnes, lui répondent par la ligne CD.

O o iiiij   III.

III.

Planc.131.
Second ufa-
ge.

Si l'Armée eft fur trois Colomnes , & que les Vaiffeaux courent fur la ligne du plus-prés, qui n'eft pas parallele aux Colomnes; alors les deux diagonales du Quarré marqueront le pofte de chaque Vaiffeau. Car fi les Vaiffeaux courent au plus-prés bas-bord, les Vaiffeaux de la même Colomne fe répondront par la diagonale bas-bord, & les Vaiffeaux d'une Colomne répondront aux Vaiffeaux des autres Colomnes par la diagonale ftribord.

Remarque.

L'Officier connoîtra donc encore d'un coup d'oeil, s'il eft dans fon pofte ; car aiant fait mettre fon Vaiffeau au plus-prés , il verra des points B , D , fi les Vaiffeaux de fa Colomne lui répondent par la ligne B D, & dés poins A , C , fi les Vaiffeaux qui devront être par fon travers à l'autre bord dans les autres Colomnes , lui répondent par la ligne A C.

IV.

Troifiéme
ufage.
Figur. 1.

Si l'Armée eft fur les trois Colomnes H I, L M, P R, & qu'on veuïlle revirer par la contre-marche fans troubler l'ordre des Colomnes; la tête H aiant reviré, la tête L continuera fa bordée, jufques à ce qu'elle trouve la tête H dans fa diagonale B D, fçavoir quand la tête L fera au point S; alors la tête L revirera auffi, & la tête P continuera fa bordée, jufques à ce qu'elle trouve auffi les deux autres dans fa diagonale B D, fçavoir quand elles feront aux points V , T.

Remarque 1.

La diagonale qui doit déterminer le point où les têtes revirent, eft opposée à celle fur quoi elles revirent : Ainfi quand on doit revirer fur la diagonale bas-bord, c'eft la diagonale ftribord qui détermine les points où les têtes doivent revirer. Cette maniere eft tres-aisée ; car fi l'Officier du Vaiffeau L fe met au point B , il connoîtra qu'il faut revirer, quand en vifant le long de la ligne B D il rencontrera la tête H au point S : mais il faut obferver avec foin quand on vife, que le Vaiffeau L foit exactement au plus-prés.

Remarque 2.

On pourroit marquer plufieurs autres exemples de l'utilité du Quarré Naval : mais ceux-ci fuffifent pour donner lieu aux moins appliquez de trouver les autres par eux-mêmes.

§. IV.

D
B
D
B
F
D
B
G
E
A
C
F
G
D
B
C
G
F
D
P
R
L
M
T
S
H
I
M. Ogier, fecit.
Oo 111111
3

§. IV.

De la Tempête.

I.

UNe Armée ne doit jamais tenir la mer durant la tempête ; mais Planc.132.
d'abord que le gros-temps commence, il faut relâcher. Voici plufieurs raifons de cette maxime. 1. L'Armée qui effuïe un coup de vent
à la mer, s'expofe à être féparée : les brumes qui accompagnent le
gros-temps, empêchent qu'on ne fe voie : le bruit effroiable des flots
qui s'entre-choquent, & qui battent avec fureur les Vaiffeaux, ne
permet pas qu'on entende exactement les fignaux, mille accidens di-
vifent une Armée durant la tempête, & une Armée divifée eft fans
doute une Armée perduë, fi elle rencontre l'ennemi. 2. Il n'eft pas
poffible qu'une Armée effuïe un coup de vent fans avoir plufieurs de
fes Vaiffeaux defemparez ; dans les moindres grains de vent on voit
tomber les Huniers, & on fe trouve plus maltraité aprés une tempête, qu'aprés un combat. 3. Ajoûtons les abordages, qui font fi
inévitables, & fi dangereux dans un mauvais temps.

II.

Il vaut mieux tenir la mer durant la tempête, que de moüiller
dans une mauvaife rade. Qui pourroit exprimer la confufion où fe
trouve une Armée, quand une mer haute comme les nuës venant à
faire chaffer les Vaiffeaux, les porte les uns fur les autres, de forte
qu'aprés s'être entre-choquez, s'être brifez, s'être ouverts, ils coulent
bas, ou ils vont les uns & les autres donner fur la côte ? Les Vaiffeaux
qui ne chaffent pas ne font pas moins en danger ; les Houles qui les
prennent de l'avant les élévent avec tant de force, & les font retomber
avec tant de violence dans un abîme d'eau, qu'ils fe remplifsent bien-
tôt, & que rien ne peut les empêcher de périr.

III.

Quand une Armée eft abfolument obligée de tenir la mer dans un
gros-temps : elle doit fe ranger fur trois Colomnes, en laiffant un grand
intervalle entre chaque Vaifseau, fans augmenter la diftance des Colomnes. De cette maniere on fera moins fujet à fe féparer, & moins
en danger de s'aborder.

IV.

Si l'Armée eft au large, & qu'elle ait beaucoup d'efpace à courir,
elle mettra à la cape avec fes baffes voiles : afinque les Vaiffeaux fe foû-
tiennent mieux contre les vagues. Car le vent pouffant les voiles d'un
côté, tient toûjours le Vaiffeau en raifon, & l'empêche de fuivre les
mouvemens des flots, qui le feroient rouler, & le démâteroient. Si

P p ij   l'on

l'on n'a pas beaucoup d'efpace à courir, on mettra à la cape avec fa grand' voile, ou avec fon Artimon feulement, & le Vaiffeau fera beaucoup moins fatigué, que s'il étoit tout à fait fans voiles.

Corollaire.

On voit combien il eft important à une Armée Navale de fe tenir dans des parages, d'où l'on puiffe relâcher en quelque port, lors qu'on eft furpris par la tempête. La chofe eft d'une fi grande conféquence, que c'eft une merveille, qu'une Armée ne périffe pas, quand elle ne prend pas ces précautions.

Exemple.

Armée Navale de Philippe fecond, l'an 1588.   Les Hiftoires ne nous fourniffent rien de plus trifte dans la Marine, que la perte de l'Armée Navale de Philippe fecond Roy d'Efpagne. Ce Prince aiant réfolu de conquerir le Royaume d'Angleterre, fit bâtir cent quarante Galions & Galeaffes d'une grandeur extraordinaire, les arma d'un grand nombre de Machines, & de deux mille cinq cens piéces de gros canon. Il mit deffus prés de trente mille Matelots ou Soldats, avec la plus grande partie de la Nobleffe Efpagnole. Il accompagna les Navires de guerre d'un nombre prodigieux de Bâtimens de charge, qui portoient des munitions, & des provifions pour fix mois. Toute l'Europe attendoit avec quelque fraieur où devoit aller fondre une fi grande Armée, & on ne doutoit point en Efpagne qu'elle ne dût avoir un fuccez proportionné à tant de préparatifs.

Mais c'eft peu de mettre en mer une grande Armée, fi on ne lui donne des Généraux habiles pour la conduire : l'expérience des Officiers y eft plus néceffaire que la groffeur des Bâtimens, & le nombre des canons. Philippe avoit manqué à l'effentiel ; il donna la conduite de fon Armée au Duc de Medina Sidonia, qui n'avoit nulle expérience dans la Marine, & il fe mit peu en peine d'avoir de bons Matelots, & des Pilotes habiles, ne prenant pas garde qu'il faifoit une auffi grande beveuë que s'il avoit envoyé fes Galeaffes fans voiles, & fans rames; car il eft inutile d'avoir des voiles & des rames, fi on ne fçait pas s'en fervir à propos. Auffi commença-t-on par faire des fautes fi groffieres au fortir de Lisbonne, que l'Armée faillit à périr avant que d'avoir doublé le Cap Finifterre. On entra dans la Manche d'un vent de Sud-Oüeft, & on fe trouva le trentiéme de Juillet à la veuë de Plimouth, où on auroit pû défaire les Anglois, qui y étoient en défordre, peu difpofez à recevoir un ennemi qu'ils n'attendoient pas. Recalde Lieutenant Général de l'Armée Efpagnole n'oublia rien pour faire prendre ce parti au Duc de Medina Sidonia : mais il faut être hâbile homme pour fçavoir fuivre un bon confeil. Le Général Efpagnol paffa outre, &

donna

donna lieu aux Anglois de le suivre, de l'inquieter dans sa marche, & de lui enlever même un Galion qu'un abordage avoit desemparé. Il moüilla le sixiéme d'Août devant Calais, & on ne manqua pas de lui remontrer qu'il faloit commencer par se rendre maître de quelque Port, où il pût se retirer s'il étoit surpris d'un gros-temps; on lui représenta aussi que les côtes de Calais n'étoient pas un parage où on dût moüiller avec une Armée aussi grande que la sienne, qu'elle y seroit exposée à mille accidens qui étoient plus à craindre qu'il ne pensoit. Rien ne pût lui faire comprendre le péril qui le menaçoit. La nuit du septiéme d'Aoust les Anglois qui avec trois petites Escadres avoient moüillé assez prés pour observer, & pour inquiéter les Espagnols, leur envoyérent huit Brûlots en feu; ceux-ci qui se souvenoient des Machines Infernales du Pont d'Anvers, furent tellement épouvantez qu'après avoir coupé leurs cables en criant par tout, *feu d'Anvers, feu d'Anvers*, ils mirent à la voile avec une confusion qui passe tout ce qu'on peut imaginer. En même temps le vent s'étant forcé avec une grosse mer forma une tempête, dont l'obscurité de la nuit, & le désordre des Espagnols augmenta beaucoup l'horreur. Personne ne pensa plus à donner des ordres, ou à les exécuter; on ne consulta point les régles ordinaires du Pilotage, chacun fit la maneuvre que le hazard, ou le caprice lui suggera. Les uns se laisserent aller au gré du vent, qui les jetta sur les côtes, où ils firent un triste naufrage; les autres prirent le large, & se séparérent en plusieurs petites Escadres: plusieurs tombant les uns sur les autres, firent de funestes abordages, où après s'être entre-choquez durant quelque temps, après s'être brisez les uns contre les autres, ils couloient à fond, & entraînoient avec eux un grand nombre de malheureux, dont les tristes cris se faisoient entendre malgré le bruit effroiable des flots. Le vent aiant un peu calmé au point du jour, les Anglois apperçûrent l'horrible état où se trouvoit l'Armée Espagnole; ils virent par tout des Vaisseaux démâtez, d'autres échoüez, & le reste tellement dispersé, qu'il leur fut aisé de les attaquer. Ils en prirent, en coulérent bas, en brûlérent un grand nombre, sans que ceux-ci eussent quasi la force de se défendre. Il n'y eut que Recalde, Pimentel, Tolede, & Moncade, qui aiant réjoint leur Général firent une petite Escadre, & soûtinrent avec une vigueur incroiable tout l'effort des ennemis. Mais le gros-temps aiant recommencé les sépara bientôt. Moncade fut jetté avec sa Galeasse sur les côtes de Calais, où aiant été attaqué par un grand nombre de Frégates Angloises, il se défendit comme un Lion, jusques à ce qu'aiant reçû un coup de mousquet au front, il tomba mort sur les corps de la plûpart des siens, qui avoient été tuez au tour de lui. Tolede fut plus heureux; car se voiant forcé dans son Galion qui étoit tout ouvert, il sauta dans sa Chaloupe avec les plus braves de son bord, & s'étant fait jour à travers les Chaloupes

ennemies

l'Armée ne s'assûre pas d'un Port,

Elle est battuë de la tempête.

Elle est dispersée.

Elle est attaquée par les ennemis.

Elle est défaite.

ennemies qui le pourſuivoient, il gagna la terre, tandis que ſon Galion couloit bas ſous les pieds des Holandois qui y étoient entrez. Pimentel combattit lui ſeul durant ſix heures une Eſcadre de Holandois, & ſe ren dit enſuite à eux avec un grand nombre de Seigneurs Eſpagnols. Enfin le Duc de Medina Sidonia reconnoiſſant trop tard combien il eſt néceſſai-re à une Armée Navale d'avoir un lieu de retraite, rejoignit les triſtes reſtes de ſon Armée, & réſolut de retourner en Eſpagne par le Nord d'Ecoſſe. Mais il apprit encore que la mer eſt par tout funeſte à ceux qui ne la connoiſſent pas. La plûpart des bâtimens qui l'accompagnoient périrent ſur les côtes d'Angleterre & d'Ecoſſe, & il arriva preſque ſeul en Eſpagne, où il porta la plus cruelle nouvelle & la moins attenduë, qu'on y eût jamais reçûë.

Elle périt preſque toute.

§. V.

Des Signaux.

IL faut que les Signaux ſoient ſimples, clairs, & univerſels ; c'eſt-à-dire qu'ils ſervent à exprimer d'une maniere aiſée & claire tout ce que les Vaiſſeaux veulent ſe faire entendre les uns aux autres.

On fait les Signaux par des coups de canon, par des feux, par des Pavillons, par des Cornettes & des Flammes. On multiplie les Signaux des coups de canon par leur nombre, & en diſtinguant les coups pré-cipitez, & les coups poſez. On multiplie les Signaux des feux par leur nombre, & par les divers endroits où on les met. On multiplie les Pavillons par le mêlange des trois couleurs qu'on peut diſtinguer à la mer : ce qui fournit un tres-grand nombre de Signaux. Nous don-nons ici les Pavillons plus remarquables.

Planc. 133.

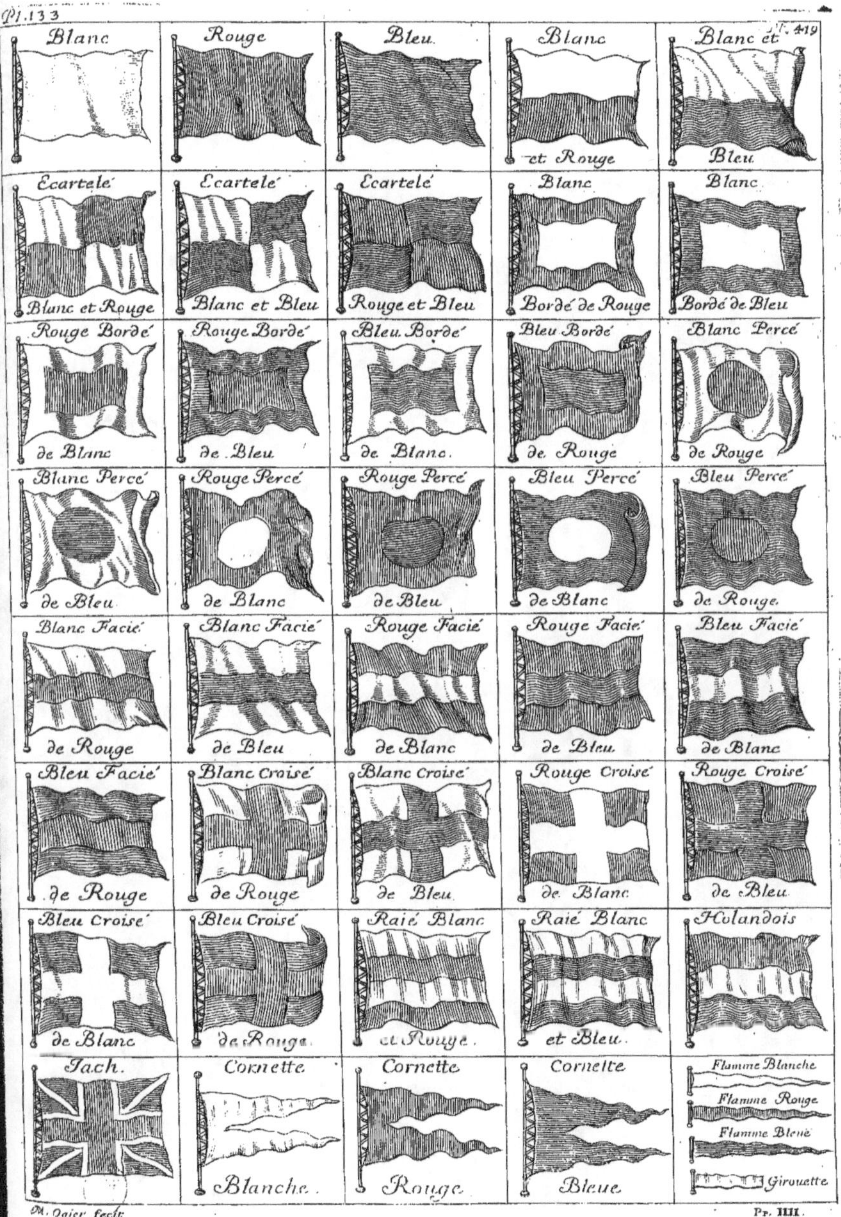

Pl.133
T.419
Blanc
Rouge
Bleu
Blanc et Rouge
Blanc et Bleu
Ecartelé Blanc et Rouge
Ecartelé Blanc et Bleu
Ecartelé Rouge et Bleu
Blanc Bordé de Rouge
Blanc Bordé de Bleu
Rouge Bordé de Blanc
Rouge Bordé de Bleu
Bleu Bordé de Blanc
Bleu Bordé de Rouge
Blanc Percé de Rouge
Blanc Percé de Bleu
Rouge Percé de Blanc
Rouge Percé de Bleu
Bleu Percé de Blanc
Bleu Percé de Rouge
Blanc Facié de Rouge
Blanc Facié de Bleu
Rouge Facié de Blanc
Rouge Facié de Bleu
Bleu Facié de Blanc
Bleu Facié de Rouge
Blanc Croisé de Rouge
Blanc Croisé de Bleu
Rouge Croisé de Blanc
Rouge Croisé de Bleu
Bleu Croisé de Blanc
Bleu Croisé de Rouge
Raié Blanc et Rouge
Raié Blanc et Bleu
Holandois
Jach.
Cornette Blanche
Cornette Rouge
Cornette Bleue
Flamme Blanche
Flamme Rouge
Flamme Bleuë
Girouette
M. Ogier fecit
Pr. IIII. 3

§. VI.

Projet des Signaux.

Quand on veut faire des signaux, on commence par donner un signal de commandement à chaque Vaisseau, à chaque Division, à chaque Escadre, & à toute l'Armée. Ce signal sert pour avertir ceux à qui on doit faire quelque commandement.

Signaux de commandement pour le jour.

Pour toute l'Armée, on mettra un Iack sous le bâton du grand mât.
Pour chaque Escadre, on mettra le Pavillon de l'Escadre.
Pour chaque Division, on mettra une Cornette de la couleur de l'Escadre au mât propre de la Division.
Pour chaque Vaisseau, on mettra une des cinq flammes plus remarquables en un des trois plus remarquables endroits du mât, où on aura mis le signal de la Division du Vaisseau.

Remarque.

De cette maniere on pourra faire tout à la fois le signal de trois Divisions, & de trois Vaisseaux de chaque Division : on pourra aussi faire par une seule flamme le signal de trois Vaisseaux dans chaque Escadre, & de neuf Vaisseaux dans toute l'Armée. Par exemple si on fait le signal de toute l'Armée, & qu'on mette au même mât une flamme dans un des trois endroits marquez, elle fera le signal des neuf Vaisseaux qui ont cette flamme dans l'endroit marqué. Les trois endroits plus remarquables d'un mât sont le bout de sa vergue inférieure, le bout de sa vergue supérieure, & le haut du mât.

Signaux de Commandement pour la nuit, ou pour la brume.

Il ne sera pas nécessaire de donner des signaux de commandement à toutes les Divisions, & à tous les Vaisseaux : parce qu'on ne fait gueres des commandemens durant la nuit, ni durant la brume.
Pour toute l'Armée, trois coups de canon précipitez.
Pour la premiere Escadre, trois coups posez : pour la seconde, deux : pour la troisiéme, un.

Régle pour les Signaux de Commandement.

Le signal de Commandement servira pour avertir ceux à qui le Général veut donner quelque ordre. Ceux pour qui on le fait répondront par le même signal, & alors le Général fera le signal de l'ordre qu'il veut donner.

Q q   Signaux

Signaux de Partance.

Se difpofer à partir.	Le petit Hunier défrelé.
Defaftourcher.	Deux coups de canon précipitez.
Mettre à Pic.	Deux coups de canon précipitez en bordant l'Artimon. La nuit on ajoûte un feu fur le Beaupré.
Appareiller.	Le petit Hunier iffé. La nuit un feu au bâton d'Enfeigne.

Signaux pour les Ordres.

Pavillon à la vergue d'Artimon.

Ordre-de Bataille ftribord.	Blanc.
Bas-bord.	Rouge.
Premier Ordre-de marche ftribord.	Blanc & Rouge.
Bas-bord.	Blanc & Bleu.
Second Ordre-de marche.	Bleu.
Troifiéme Ordre-de marche.	Blanc facié de Rouge.
Quatriéme Ordre-de marche.	Blanc facié de Bleu.
Cinquiéme Ordre-de marche.	Rouge facié de Blanc.
Ordre-de retraite.	Bleu facié de Blanc.

Signaux pour les mouvemens de l'Armée.

Pavillon fous le Bâton du grand mât.

Forcer de voiles.	Blanc & Rouge.
Carguer des voiles	Rouge & Bleu.
Arriver.	Ecartelé Blanc & Rouge.
Venir au-vent.	Ecartelé Blanc & Bleu.
Courir vent-arriere.	Ecartelé Rouge & Bleu. La nuit deux feux au bâton d'Enfeigne.
Courir au plus-prés ftribord.	Raié Blanc & Rouge. La nuit deux feux à la vergue d'Artimon.
Bas-bord.	Raié Blanc & Bleu. La nuit trois feux à la vergue d'Artimon.
Courir vent-largue de deux Rumbs ftribord.	Blanc facié de Rouge.
Bas-bord.	Blanc facié de Bleu.
de quatre Rumbs ftribord.	Rouge facié de Blanc.
Bas-bord.	Rouge facié de Bleu.
de fix Rumbs ftribord.	Bleu facié de Blanc.
Bas-bord.	Bleu facié de Rouge.
de huit Rumbs ftribord.	Blanc bordé de Rouge.
Bas-bord.	Blanc bordé de Bleu.

Revirer

Revirer par la contre-marche. Rouge bordé de Blanc. La nuit deux
coups de canon précipitez & un posé.

Tous ensemble. Rouge bordé de Bleu. La nuit un coup
de canon & deux précipitez.

Revirer vent-arriere. Blanc bordé de Rouge. La nuit quatre
coups de canon posez.

Signaux de Chasse & de Combat.

Pavillon dessous le bâton de Mizaine.

Se rallier. Blanc & Rouge.
Donner chasse à une Armée qui fuit. Blanc & Bleu.
Donner chasse à des Vaisseaux qu'on veut reconoître. Rouge & Bleu.
Aller à l'abordage. Blanc facié de Rouge.
Doubler les ennemis. Blanc facié de Bleu.
Apprêter les Brûlots. Rouge facié de Blanc.
Envoier les Brûlots aux ennnemis. Rouge facié de Bleu.
Commencer le combat. Trois coups de canon précipitez.
Finir le combat. Le Général améne son Pavillon & son Enseigne.
Finir la chasse. Le Général améne son Pavillon avec un coup de canon.

Signaux de Conseil.

Pavillon au bâton d'Enseigne.

Conseil des Généraux. Blanc & Rouge.
Des Capitaines. Blanc & Bleu.
Des Commissaires Rouge & Bleu.

Remarque.

Le Général pourra consulter les autres Commandans sans les
faire sortir de leurs Vaisseaux, en mettant au bâton d'Enseigne les
Pavillons suivans, pour sçavoir s'il faut

Combattre. Blanc facié de Rouge.
Relâcher. Blanc facié de Bleu.
Poursuivre l'ennemi. Rouge facié de Blanc.
Faire retraite. Rouge facié de Bleu.

Les Commandans répondront en mettant une flamme blanche au
même endroit pour l'affirmative, & une flamme rouge pour la négative.

Signaux pour faire venir à l'Amiral.

Flamme au bout de la vergue d'Artimon.

A l'Ordre. Blanche.
Les Chaloupes armées. Rouge.
Le Vaisseau. Bleuë.
Le Commandant du Vaisseau. Blanche & Rouge.